KB240406

불량주거지역의 이해

─한계성이론을 중심으로─

불량주거지역의 이해

―한계성이론을 중심으로―

장 정 민 著

한국학술정보㈜

머 리 말

급격한 경제성장과 도시화로 인해 우리사회는 많이 변모해 왔고 급속한 양적 팽창과정에서 반드시 역기능이 나타나게 되며 이에 따른 한 현상이 도시빈곤층이 거주하고 있는 불량주거지역의 문제이다. 그리고 불량주거지역의 문제는 동서와 고금을 막론하고 인간사회가 당면하고 있는 가장 심각한 도시문제의 하나이다.

이 책은 도시불량주거지역에 대한 한계성 이론을 기초로 하여 한국의 불량주거지역에 대한 특성을 분석하고 분석결과를 배경으로 하여 재개발정책의 개선방안을 찾으려는 데 연구의 목적을 두고 있다고 하겠다. 지금까지 불량주거지역 및 주민들에 대한 잘못된 인식으로 말미암아 이들에 대한 정부당국의 정책방향은 이들을 물리적으로 제거하는 것이었다. 이에 따라 많은 수의 불량주거지는 철거되거나 재개발되고 있다. 이 같은 철거 및 재개발사업은 도시에서 저소득층을 위한 저렴한 주택재고를 감소시키게 되고, 저소득층에게 보호적 생활환경을 제공하는 「커뮤니티」를 와해시키는 결과를 초래한다. 저렴한 주택재고의 감소, 자생적으로 형성된 사회조직의 와해는 이들 지역에 거주하는 저소득층에게 과도한 주거비부담을 강요하고 도시생활적응력을 약화시키게 된다.

따라서 도시저소득층의 생활안정과 향상을 위한 노력에 치명적 타격을 주는 철거재개발정책은 재고되어야 하며 이를 위해서는 불량주거지역 및 이들 지역주민들의 역할과 특성에 대하여 올바른 인식을 바탕으로 다양한 정책이 수립되고 집행되는 것이 바람직할 것이다. 그리고 불량주거지역정책의 기본 목표는 빈곤의 근절보다는 점진적 해소에 두어야 할 것이다. 빈곤의 점진적 해소는 국민생활의 평준화라는 기본 방향에서 성장과 조화되는 적정한 분배정책을 씀으로써 어느 정도 해결이 가능할 것이다.

아무쪼록 이 책은 우리나라의 도시불량주거지역의 이론정립 및 실무와 정책을 수립하는 데 크게 기여하고 도시재정비사업 및 도시재개발에 관심 있는 많은 분들에게 조금이라도 기여할 수 있기를 바란다. 마지막으로 이 책을 출판하는 데 물심양면으로 협조를 아끼지 않으신 한국학술정보(주) 채종준 사장님에게도 깊은 감사를 드린다.

2005년 11월 17일
평택대학교 장정민

목 차

표 목차

그림 목차

제1장 서 론

제1절 문제의 제기

도시를 생명 없는 유기체라고 하였듯이 도시의 기능과 구조는 끊임없이 변화하는 것이다. 이러한 변화과정에서 병든 부분에 대한 치료가 계속되어야 도시의 신진대사는 촉진될 수 있고 도시기능의 쇠퇴를 미리 방지할 수 있다.[1] 오늘의 도시는 산업혁명을 계기로 하여 경제적으로는 공업화 중심의 계획과 지역적으로는 도시중심의 개발을 실시함으로써 이촌향도적 인구이동현상을 대량으로 발생시켰다.[2]

일반적으로 서구의 도시화는 산업화에 기초를 둔 도시의 계속적인 확장이었으나 개발도상국들의 도시화 현상은 산업화과정을 밟지 않은 말하자면 성장이 없는 단순한 인구규모나 공간지역의 확장이다. 이처럼 급속한 도시화가 가져다주는 문제로서는 도시로의 인구증가와 더불어 불법토지점유, 주택문제, 교통문제, 상하수도문제, 환경문제, 실업과 공공편익시설의 부족 등을 들 수 있다.[3] 즉, 이러한 산업화와 도시화가 정상단계를 거치지 않고 급

---

1) Richard B. Andrews, Urban Land Economics and Public Policy, New York: The Free Press, 1971, p.100.
2) 정동익, 「도시빈민연구」, 서울: 아침, 1985, p.45.
3) 노춘희, 「도시학개론」, 서울: 형설출판사, 1987, pp.104-105.

속히 이루어지는 과정에서 역기능으로서 파생된 현상의 하나가 불량주거지역이라고 말할 수 있다.[4]

이러한 불량주거지역이 형성되는 동기는 일반적으로 선진국의 경우는 교외화현상(suburbanization)에 따른 도심부 쇠퇴에 의한 것이고 개발도상국의 경우는 과도시화현상(overurbanization)에 의해 저소득층이 도시외곽에 건축기준미달의 거주지를 갖게 됨으로써 발생하며 대부분의 개발도상국들이 겪는 도시의 과밀현상인 이러한 불량주거지역은 전체 도시인구의 20-30% 이상을 차지하고 있다.[5] 우리나라의 경우 8·15해방 이후 무허가주택이 발생하기 시작하여 사회적으로 혼란하고 행정력이 약해졌을 때마다 하천연변과 공원이나 녹지로 이용되어야 했을 산중턱이 불법으로 점거되었다.[6]

---

4) 본 연구에서 사용되는 불량주거지역은 노후지구(blighted area), 슬럼지구(slum area), 무허가주택지구(squattered area) 등을 모두 포함하는 개념이다.

5) Richard Ulack, "The Role of Urban Squatter Settlements", <u>Annuals of the Association of American Geographers</u>, Vol. 68(4), 1978, pp.535-554.

6) 도시바깥의 상황에서 생겨난 집단촌이기 때문에 오늘의 불량주거지역과는 거리가 멀지만 우리의 전통사회에서 수준 이하의 주택들이 집단화, 노후화, 격리화, 차별화된 집단촌을 찾아 볼 수 있다.
조선시대 때 서울에서 많이 볼 수 있던 <가가>, 남도지방에 많이 분포됐던 <나환자촌>, 전국에 산재해 있던 천민들의 집단촌 이를테면 <백정골> 같은 것을 손꼽을 수 있다. 가가(假家)는 한양의 육의전 같은 데서 가게를 가진 사람들이 상점면적을 늘리고자 단속이 없는 틈을 타서 가게 앞에 임시로 늘린 가건물이다. 불법적인 건축인 점에서 <무허가건물>인 셈이다. 전염병과 화마의 온상이라고 지탄을 받았다.
<가가> 말고 한성 같은 도성에 몰려든 굶주린 기민들이 기거하거나 정책적으로 그들을 수용하는 임시막사도 있었다. 일종의 수용소였다. 나환자촌은 천형이라 손가락질 받던 나환자들이 사회적 냉대를 받아

특히 1960년대 이래 고속성장과 그 구조변화를 지속해오면서 공업화과정을 거쳤고, 도시화가 진행되면서 인구의 지역 간 이동과 함께 도시저소득층들의 불량주거지역의 발생이 가속화되었다.

이들 도시 저소득층들은 경제적인 기반과 능력이 부족하여 값싼 주거지를 쉽게 구할 수 있는 공유지를 불법으로 점유하여 도시 속의 촌락을 형성하였고, 고도성장과정을 거치면서 우리 경제는 부와 소득의 불평등이라는 새로운 성장의 역기능을 극복하지 못하였다. 따라서 지속적인 경제성장과 발전은 GNP 규모의 확대라는 효율의 증진만이 아니고 부와 소득의 재분배를 통한 형평의 실현을 이룩함으로써 가능한 것이다.[7]

집단화됐던 곳이다. 자연발생적인 것이 대부분이지만 조선시대 세종 때처럼 나라에서 정책적으로 나환자를 수용하면서 생겨나기도 했다. 백정골은 신체적 결함이 아닌 신분적 결함 때문에 생겨난 집단촌이 었다. 백정들은 다른 계급의 사람들과는 혼인하지 못할 정도로 엄청 난 차별을 받았다.

거주방식에서도 차별을 받았다. 그들은 변두리에 따로 모여 살거나 여느 마을에서 살더라도 변두리에 떨어져 살았다. 나환자촌과 백정 골은 둘 다 사회적 차별이 만든 집단촌이다. 하나는 신체적 결손에 대한 차별이고, 다른 하나는 신분에 대한 차별이다.

이 글은 김형국 편저, 「불량촌과 재개발」, 서울: 나남, 1989 참조.

7) 한국정부가 1962년 이래 세 차례에 한해서 수립, 집행한 경제개발계 획은 외형적 경제성장과 공업화를 기조로 하고 균형성장인 수요창조 적 다부문의 동시개발이라기보다는 전략부문과 애로부문의 집중개발 투자를 전략으로 한 불균형성장이라고 말할 수 있다. 이와 같은 경 제개발로 고도의 경제성장을 이룩할 수 있었음에도 불구하고, 경제 성장 결과를 국민 내부에서의 배분이나 국민적 복지에로의 전환을 위한 노력을 갖지 않았던 까닭에 성장의 그늘 속에 가리워진 상대적 으로 빈곤한 많은 국민대중을 낳았다는 비난을 받고 있다. 이에 대 하여 국민경제의 성장을 보다 중요시하는 견해들은 국민경제의 성장 과정에 있어서 사회적 불균형의 확대는 소망스러운 것은 아니라 하

그럼에도 불구하고 우리 경제는 우선적으로 효율의 증진만을 지향하는 가운데 부와 소득의 분배정책을 소홀히 해 온 것도 사실이다. 한편 공간적 측면에서의 불량주거지역 형성은 시장경제의 부조화에 기인하는 것이 아니라 개인적 속성이나 사회구조적 모순에 그 근원을 두고 있어서 불량주거지역 문제의 심각성이 있다.[8]

이러한 점에서 우리나라의 불량주거지역을 도시미관을 해치는 암적 존재요, 불법을 자행하는 집단의 주거지로 취급해서는 안 되고 불량주거지역 주민들의 주거안정은 정부가 21세기를 향한 형평성에 기초를 둔 사회정의와 복지사회를 구현하기 위한 가장 중요한 정책적 이슈로 불량주거지역 주민의 주택문제를 사회적·주택정책적·복지적인 관점에서 유도되어진 주택소요(housing needs)의 개념으로 접근시켜 나아가야 할 것이다.[9]

더라도 불가피한 필요악이며, 때로는 경제건설을 위해 긍정적 의미마저도 지닌다고 주장한다.
이 글은 조용범, 「후진국경제론」, 서울: 박영사, 1975; 「한국경제의 논리」, 서울: 전예원, 1981 참조.

8) 홍기용 편저, 「도시빈곤의 실태와 정책」, 서울: 단대출판부, 1986, pp.13-14.

9) 주택소요의 개념은 사회적·주택정책적·복지적 관점에서 유도된 의미이고, 주택수요와 시장메커니즘에서 널리 사용된다.

제2절 연구의 목적

도시불량주거지역의 문제는 동서와 고금을 막론하고 인간사회가 당면하고 있는 가장 심각한 문제의 하나로서 그 토지가 주거지역으로서의 조건을 갖추지 못하고 있을 뿐만 아니라 용도가 항상 불명확하고 생활에 필요한 최저주거조건을 갖추지 못해 토지 및 주택의 물리적 조건이 쇠락되어 있다. 그리고 그 지역에 거주하는 인구는 불안정한 직업계층에 있으며 주로 비숙련공 내지 단순노동자들이다.[10]

이러한 불량주거지역에 거주하는 주민들은 도시생활에 적응할 수 있는 지식과 기술이 없어 경제성장의 혜택을 누리지 못한 채 도시공식부문의 취업에서 배제되어 실업자나 불안전한 고용자로 전락하게 되었다. 또한 이들은 불량주거지역에 집단적으로 거주하면서 새로운 정치, 경제, 사회적인 문제로 등장하게 되었고, 또한 이들이 갖는 가치도 갈등과 모호성으로 충만한 도시문화와 충돌케 되고 결국 사회해체현상까지 가져와 범죄 및 청소년 비행과 같은 사회병리현상을 유발·촉진시켜 도시의 건전한 발전에 악영향을 끼칠 가능성이 있다.[11]

이러한 문제는 대개 한계성 이론으로 설명된다. 한계성 이론은 다른 슬럼(slum)이론과 달리 도시빈민이나 불량주거지역의 특성을 획

---

10) 서울대학교 환경대학원, 「서울시 불량주택지구의 주거실태 및 어린이 문제에 관한 연구」, 1980, p.12.
11) 신환철, "도시빈민지역의 사회병리현상에 관한 고찰", 「주택」, 1983, p.43.

일화시켜 이들을 일탈자 및 사회적응 부적응자 등으로 규정하고 있
다. 한계성 이론에 따르면 도시불량주거지역 또는 슬럼 주민들은 대
부분 농촌출신이거나 소수민족 또는 빈곤층들로서 도시의 산업사회
가치관 및 생활태도를 제대로 수용하지 못하기 때문에 사회 및 경제
활동으로부터 소외되고 심리적으로 좌절과 절망감 속에서 여러 가
지 사회적, 정치적 문제를 야기시키는 것으로 알려지고 있다.[12]

이러한 불량주거지역에 대한 부정적인 편견은 우리나라의 불량
주거지역에 대한 재개발정책에도 반영되어 무허가 판자촌의 난립
에 의한 무질서한 대도시 성장을 억제하고 토지이용도제고, 도시
미관향상 등과 같은 물리적인 접근을 시도하여 근본적으로 불량
주거지역 주민의 주거문제에는 큰 성과를 거두지 못하였을 뿐만
아니라,[13] 때로는 이들의 생활기반을 위협하는 요인으로 작용하
여 사회정치적인 문제로까지 등장하게 되었다.[14] 따라서 본 연구
는 우리나라 도시불량주거지역의 특성을 실증적으로 분석하고 도
시불량주거지역에 대한 정책적 시사점을 제시하는 데 목표를 두
고 있다. 이러한 연구목표를 더 구체적으로 설명한다면 그것은
다음과 같이 요약될 수 있다.

첫째, 도시불량주거지역의 사회·경제적 실태는 어떠한가?

둘째, 도시불량주거지역은 한계성 이론으로 설명될 수 있는가?

셋째, 도시불량주거지역에 대한 정책방향은 무엇인가?

---

12) 박수영, 김용웅, "도시불량주거지주민의 한계적 특성", 「국토연구」,
　　제Ⅲ권, 국토개발연구원, 1984, p.12.
13) 한국개발연구원, 「빈곤의 실태와 영세민 대책」, 1981, p.319.
14) 이들이 생활기반의 위협으로 인해 정부와 빚은 첨예한 마찰의 예로는
　　광주대단지 폭동사건, 목동, 상계동, 사당동 사태 등을 들 수 있다.

제3절 연구의 범위 및 방법

한계성 이론에 따르면 도시불량주거지역 또는 <빈민촌> 주민들은 대부분 농촌출신이거나 소수민족 또는 빈곤층들로서 도시의 산업사회 가치관 및 생활태도를 제대로 수용하지 못하기 때문에 사회 및 경제활동으로부터 소외되고 심리적으로 좌절과 절망감속에서 여러 가지 사회적·정치적 문제를 야기시키는 것으로 알려지고 있다.[15]

이 같은 한계성 이론의 주장은 불량주거지역 주민 및 도시저소득층에 대해 여러 가지 부정적인 편견을 유발하고 아울러 비인간적인 도시정책을 합리화하게 된다.

따라서 본 연구에서는 한계성 이론에 근거하여 우리나라 도시불량주거지역의 한계적 특성을 실증조사하기 위하여 다음과 같은 범위와 방법으로 진행되었다.

 (1) 조사대상지역으로는 수도권지역에 한정하여 도시의 규모에 따라 대도시인 서울시를 중심으로 하여 서울시 금호동, 중

---

15) 한계성이란 지배적 문화 및 사회경제적 체계에 통합되지 못한 사물이나 개인의 속성을 나타내는 용어로서 열등성, 후진성, 수변성의 의미로 사용된다.
   이에 따라 자유시장메커니즘과 직결되지 못하고 생산이나 이용이 제도화 또는 공식화되지 못한 자원이나 지역을 한계자원(marginal resource) 또는 한계지역(marginal areas)이라고 칭하며, 개인이나 집단의 경우에는 산업사회의 가치관이나 생활태도를 지니지 못하여 사회-경제적 활동에 제대로 참여하지 못하는 빈곤층 실업자 및 불안전취업자 등을 한계성 인간(marginal man)이라고 부른다.

도시로서의 수원시 세류동, 소도시로서의 평택시 서부동 등 대표적인 불량주거지역을 선정하여 조사했다.

이러한 지역들을 선정한 이유는 도시의 규모에 따라 불량주거지역 주민들의 한계성 특성이 다양할 것이라는 가정 아래에서 선정한 것이다.

(2) 조사가구의 범위는 생활보호법에 의하여 지정된 거택보호대상자와 자활보호 대상자 등의 가구를 동사무소에서 입수하여 주 대상으로 하였고, 이들 이외에 조사대상지역에 거주하는 일반 저소득자가 포함되고 있다.[16) 거택보호대상자라 함은 생활보호법 제3조 1항 1호, 2호, 4호에 해당하는 경우이다. 즉, 연령 65세 이상의 노쇠자나 연령 18세 미만의 아동 또는 불구, 폐질, 기타 정신 또는 신체장애자로서 노동능력이 없는 자로서 부양의무자가 없거나 부양의무자가 있어도 부양할 능력이 없는 경우에 해당된다. 자활보호대상자라 함은 생활보호법 제3조 1항, 3호, 5호에 해당하는 경우에 임산부 또는 보호기관이 보호를 필요로 한다고 인정하는 자로서 부양의무자가 없거나 부양의무자가 있어도 부양할 능력이 없는 경우에 해당된다.[17)

(3) 연구방법은 문헌연구에 의해 불량주거지역의 개념과 한계

---

16) 우리나라 생활보호법에 의하여 규정된 빈곤의 개념은 노령, 질병, 기타 노동능력의 상실로 인하여 생활능력이 없는 자(생활보호법 제1조).
17) 생활보호법 제6조에 보호대상자를 거택보호대상자, 시설보호대상자 및 자활보호대상자로 구분하고 있는데 본 연구에서는 빈곤계층으로 불량주거지역에 거주하고 있는 거택보호대상자와 자활보호대상자로만 국한하였음.

성 특성을 알아보고, 외국과 한국학자들의 불량주거지역에
대한 연구동향을 파악하여 이러한 이론적 배경 아래에서
서울시 금호동, 수원시 세류동, 평택시 서부동 200가구를
대상으로 하여, 1991년 7월 10일부터 8월 20일까지 가구주
나 이웃이나 친척관계 등에 있어서 주도적인 역할을 담당
하는 기혼여성을 중심으로 설문지조사에 의해 주민의 일
반적 특성과 한계적 특성을 분석하였다.

(4) 연구의 구성은 다음과 같이 요약 정리할 수 있다.

첫째, 한계성 이론을 배경으로 하여 우리나라 불량주거지
역 주민의 특성을 실증적 분석을 통하여 고찰한다.

둘째, 이러한 목적을 달성하기 위하여 먼저 불량주거지역
에 대한 이론적 배경을 고찰하여 가설을 설정한다.

셋째, 설정된 가설을 검증하기 위하여 사례지역을 선정하고
자료의 수집을 통하여 사례지역의 현황을 파악한다.

넷째, 사례지역의 일반적인 특성을 파악하기 위하여 생활
실태와 현재의 불량주거지역이 어떻게 형성되었고,
그 요인은 무엇인가에 대한 실증적 분석을 한다.

다섯째, 한계성 이론의 주장에 따라 우리나라의 대표적인
불량주거지역인 사례지역 주민들의 경우 어떠한 특
성이 나타나는가를 실증적 분석을 통하여 조사한다.

여섯째, 위에서 고찰한 불량주거지역 주민의 특성에 관한
실증적 연구를 기초로 하여, 그동안 우리나라에서 불
량주거지역에 대하여 실시한 재개발정책을 고찰하고
실효성 있는 계획과 정책입안에 도움을 주고자 한다.

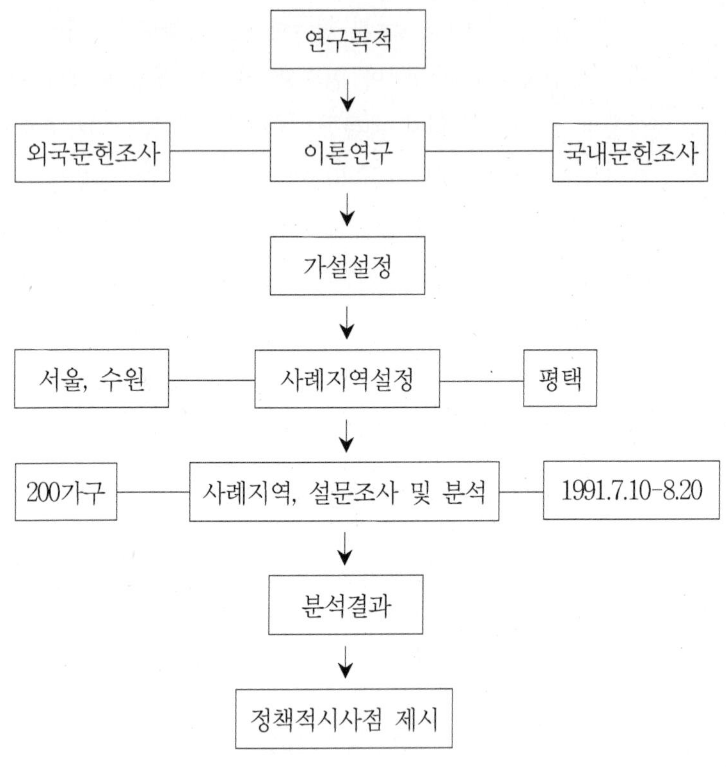

연구목적
외국문헌조사
이론연구
국내문헌조사
가설설정
서울, 수원
사례지역설정
평택
200가구
사례지역, 설문조사 및 분석
1991.7.10-8.20
분석결과
정책적시사점 제시

〈그림 1-1〉 연구의 흐름도

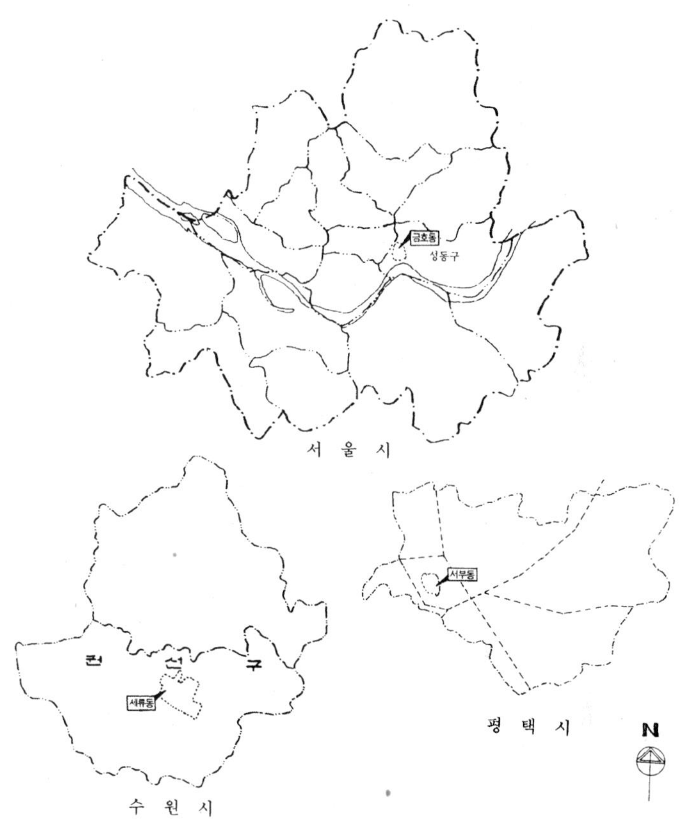

〈그림 1-2〉 조사대상지역도

제2장 도시불량주거지역의 이론적 배경

본 장에서는 세 가지의 분야가 집중적으로 조사·정리되고 있다. 불량주거지역의 개념은 무엇인가? 불량주거지역의 한계성 특성이란 무엇인가? 국내외적으로 불량주거지역에 대한 학자들의 연구동향은 어떠한가? 이러한 세 가지 분야의 연구는 우리나라의 불량주거지역을 분석하는 데 필요한 이론적 근거를 제시하게 될 것이다.

제1절 도시불량주거지역의 개념

1. 불량주거지역의 정의

불량주거지역의 의미를 알아보려면 먼저 불량주택의 의미를 찾아보아야 한다. 선·후진국을 막론하고 불량주택의 일반적 기준은 주거적합성과 공중위생이라는 측면에서 동질성을 발견할 수 있다. 즉, 주거적합성이란 인간이 주생활을 영위할 만한 집인가, 아닌가의 개별주택이 지닌 물리적 시설과 주거서비스의 기준이며 공중위생이란 주택 및 주거환경이 보건위생의 위해를 가져오고 있느냐의 기준을 뜻한다.[1] 흔히 불량주택이란 사람이 살기에 부적합한 곳이다.[2] 사람이 살기에 부적합한 곳이란 건물의 배치상태가 나쁠 뿐 아니라 주거환경이 좋지 못한 곳으로 주택의 수선이 불가능하거나 위생상 주거터전으로서 문제가 되는 주택을 의미한다.[3] 또한 주택의 최저기준적 측면에서 보면 영국은 불량주택 혹은 부적합주택이란 다음 사항 중 하나 혹은 그 이상이 결여된 상태의 집을 말한다. 첫째, 욕실, 둘째, 실내 화장실, 셋째, 세면대, 넷째, 조리시설 및 오수배수용 시설, 다섯째, 냉·온수 사용 가능시설, 여섯째, 적정자연채광, 일곱째, 방습, 여덟째, 쓰레기 및 하수처리, 아홉째, 주택의 내부구조 및 설계 등이다.[4] 이 중 첫째에서 다섯째까지가 주택의 기본서비스라 한다.

이러한 기준에 미달되는 즉, 일정량의 주거생활서비스를 제공하지 못하는 주택을 의미한다.[5] 한편 우리나라의 건설부와 서울시에서 제시한 불량주택에 대한 기준은 5가지로 분류되어 있다. 그것은 첫째, 7평 미만의 지나치게 왜소한 불량주택, 둘째, 국·공유지상의 불법무허가주택, 셋째, 일반무허가 불법주택, 넷째, 천막, 판자집, 바라크 등과 같은 건축구조상 정상주택으로 볼 수 없는 불량, 불법주택, 다섯째는 전기, 상하수도 등 부대시설이 현저하게 불비된 주택을 불량주택으로 분류하고 있다.[6]

---

1) 하성규, 「주택정책론」, 서울: 박영사, 1991, p.536.
2) 1875년 영국의 크로스법(Cross Act)에서 처음 사용됨.
3) Michael S. Gibson and Michael J. Langstaff, <u>An Introduction to Urban Renewal, London: Hutchinson</u>, 1982, p.36.
4) DOE, English Housing Condition Survey, 1981, Part Ⅰ: Report of the Physical Condition Survey, London, HMSO, 1982 참조.
5) David Hunter, <u>The Slums</u>, New York: The Free Press, 1964, p.89.
6) 서울대학교, 환경대학원, 「서울시 불량주택지구의 주거 실태 및 어린

따라서 우리나라에서의 불량주택이란 이러한 기준에 미달되는 주택을 의미한다. 이것을 서울시에서는 건물의 소유권 등기 유무와 건축허가의 유무 등으로 구분하여 설명하고 있는데 이러한 개념을 도식화하면 <표 2-1>과 같다.

[Ⅰ]은 대지소유와 건물등기가 합법적인 것으로 제도적으로나 실질적으로 정상주택이고, [Ⅱ], [Ⅲ], [Ⅳ]는 대지소유와 건물등기 중 하나 또는 둘 다 불법적인 것으로 현재 불량주택으로 취급되는 경우이다. [Ⅱ], [Ⅳ]는 일반적으로 무허가주택이라 볼 수 있지만 [Ⅲ]은 적절한 행정절차만 있으면 정상주택으로 환원될 수 있는 주택의 경우이다.

<표 2-1> 정상주택과 불량주택의 개념구성

건축법 건물등기 ＼ 대지 소유	유	무
유	[Ⅰ]	[Ⅱ]
무	[Ⅲ]	[Ⅳ]

자료: 서울대학교환경대학원, 「서울시 불량주택지구의 주거실태 및 어린이 문제에 관한 연구」, 1980, p.25.

따라서 불량주거지역이란 이와 같은 불량주택이 집단화 된 곳이다. 이것은 주거의 단위로서 주택의 물리적 측면, 사회·경제적 측면까지 포함된 개념이라고 할 수 있다. 이들 주거지역은 좁게는 지역사회와 연결을 갖고 넓게는 도시사회와 연결을 갖는 다중

이 문제에 관한 연구」, 1980, pp.24-25.

성을 지니고 있으면서 도시의 시민생활에 정신적, 위생적 또는 경제적인 면에서 해를 끼치는 지역일 뿐만 아니라 주거환경 및 도시미관의 파괴·도시범죄의 소굴·사회적·정치적 불안의 온상으로 취급되고 있다.[7] 이와 관련하여 이 연구에서의 불량주거지역은 서울의 금호동, 수원의 세류동, 평택의 서부동을 의미한다.

2. 불량주거지역의 유형

도시불량주거지역의 유형을 사회과학적 시각에 따라 살펴보면 그것은 노후지역(blighted area), 슬럼지구(slum area), 무허가주택지구(squattered area) 등으로 나누어진다.[8] 노후지구는 지구 내 대부분의 건물들이 합법적으로 건설되었으나 시간이 흐름에 따라 건물이나 시설들이 노후화됨으로써 그 기능을 잃고 나아가서는 도시 전체의 기능에 장애를 주는 지역이다.

로덴베르그(Rothenberg)에 의하면 노후지구가 생산되는 원인은 도시공간의 토지경제구조가 변화함에 따라 도심지의 정상적 주택가에 대한 유지, 보수가 방치된 결과로 보고 있다. 즉, 도시규모가 확대되고 시가지가 확산되어 도심지의 주거활동에 토지이용상 가장 경쟁력이 높은 업무·상업 활동이 침입하게 되면 도심지의 그 주택가가 업무·상업용으로 전환되어 그 주택가에 자리한 정상적인 주택은 적절한 유지관리가 이루어지지 못해 불량주거지역

---

7) Jerome Rothenberg, <u>Economic Evaluation of Urban Renewal</u>, Washington: The Brookings Institution, 1969, pp.34-35.
8) 이대우, 「도시개발론」, 서울: 문화세계사, 1973, pp.193-194.

으로 바뀐다는 것이다.9)

　슬럼지구는 서구도시에서 도시문제로 상징화되어 있는 실정인데 비록 슬럼지구가 합법화된 건축물 혹은 시설물을 갖고 있다고 하더라도 그 수준이나 실태가 여러 병발적 요소를 지니고 있고 그리고 사회문제의 발생원으로서 다차원적인 문제를 갖고 있다. 로덴베르그(Rothenberg)에 의하면 아직 노후화되지는 않았을지라도 업무·상업용과 같은 고도이용이 요구된다면 그 주택가는 도시지역경제의 효율이 수준 이하로 떨어지기 때문에 불량주거지역으로 변하게 된다. 이런 지역을 가리켜 슬럼지구라고 하며 노후지구일 수도 있지만 반드시 그렇지는 않다. 무허가주거지구는 공유지, 사유지를 불법으로 점거하여 법적 기준에 미달한 주택을 짓고 사는 주거지구로서 오늘날 발전도상국의 도시사회에서 심각한 문제로 제기되는 불량주거지역을 의미한다.10)

　다음 <표 2-2>는 위의 3가지 범주를 상호비교하면서 그 특성을 요약한 것이다.

---

9) 김형국 편저, 『불량촌과 재개발』, 서울: 나남, 1989, pp.22-24.
10) 유사한 개념으로 불통제정착지(uncontrolled settlement), 무허가정착지(squatter settlement), 임시정착지(temporary settlement), 자생적정착지(spontaneous settlement), 남미에서는 해적집락(Barrios piratas), 침입자집락(Barrios invasioness), 우리나라의 경우 저소득층 집단주거지역이 정부용어이며 이것이 반드시 무허가불량지구인 것은 아니다.

〈표 2-2〉 노후지구, 무허가주택지구, 슬럼의 비교

구분	입 지	물리적 특성	주민특성	경제적 측면	법적 측면	기타
노후지구	도심지	노후된 단층 또는 고층건물	대부분이 상인임	자립이 가능	합법건물	선, 후진사회
무허가주택지구	도심지 또는 변두리의 국, 공유지	단층 불량건물	농촌으로부터의 이주민이 대부분	정부의 지원만 있으면 장차 자립 가능	불법건물	후진국
슬럼지구	도심지에서 가까운 거리	노후된 단층 또는 다층건물	도시생활의 폐인	자립전망이 흐림	합법적인 건물	선진국 사회

자료: 이대우, 「도시개발론」, 서울: 문화세계사, 1973, p.194.

역사적 시각에서 볼 때 불량주거지역의 유사개념으로는 게토 (Ghetto)와 할렘(Harlem)이라는 말이 있다.[11] 게토(Ghetto)는 본디 유태인을 격리, 수용하던 도시 내의 일정구역을 가리키며 지금은 소수인종집단이 거주하는 지역을 일컫는 말이다. 유태인의 격리가 목적인 게토는 외부확산이 억제되었고 그 결과 구역 안의 집들이 고층화되면서 혼잡, 화재위험, 비위생적 환경 등이 조성되어 불량주거지화되었다. 또한 할렘(Harlem)은 본디 뉴욕 맨하탄의 북부지구를 일컫는 지명이다. 이 지구는 흑인이 대거 자리 잡기 시작하면서 뉴욕의 흑인거주지역이 되었다. 그 후 이 지역은 주변지역의 저항을 많이 받았고, 그 결과 할렘의 인구밀도는 높아지고 주택

---

11) 우리나라에도 급격한 도시화에 따라 생산된 노후주택지구로 〈벌집〉, 〈닭장〉이 있다.
〈벌집〉은 공원들의 자취방 위주로 꾸며진 이른바 셋방집 또는 공원의 자취방이다.

은 황폐화되기 시작하였다. 이렇게 형성된 불량주거지역은 근린주
거지와 경계가 있는 것은 아니며 그런 점에서 경계가 분명한 게토
(Ghetto)와는 구별된다.

따라서 사례지역으로 선정된 서울 금호동, 수원 세류동, 평택
서부동의 불량주거지역은 이들 세 가지 유형이 서로 혼합된 것으
로 볼 수 있다.

3. 불량주거지역의 형성요인

불량주거지역이 어떻게 발생하게 되는가를 설명해주는 요인은
다음과 같이 나누어 볼 수 있다.

1) 구매력의 한계이론

일반적으로 불량주거지역의 발생을 설명하는 이론은 크게 네
가지로 나누어 볼 수 있다. 구매력의 한계이론으로 이것은 저소
득층의 주택구매력에 대한 한계 때문에 당초에 그 주택을 건설할
당시부터 질이 낮은 주택이 건설되는 경우이다.[12]

따라서 사회적으로 바람직하다고 인정되는 최저의 주거수준을
달성하기 위해선 저소득층에게 일정량의 부 또는 소득을 지원함
으로써 주거수준을 향상시키도록 하여야 한다. 그러나 이 사회에
빈곤이 존재하는 한 저소득층의 주택구매력에 대한 한계성 때문
에 당초에 그 주택을 건설할 당시부터 질이 낮은 주택이 건설될

---

12) Ray Robinson, <u>Housing Economics and Public Policy</u>, London:
Macmillan Press, 1979, p.97.

수밖에 없으며 이러한 상황은 불량주택의 문제를 계속 발생시킬 수밖에 없다는 것이다.

2) 죄수의 번민

죄수의 번민은 애초에 불량하게 지어졌다고 하더라도 그 주택에 대한 개·보수투자를 게을리 하지 않는다면 그 불량의 정도가 심화되지 않는 경우이다.[13] 그러나 주택시장의 속성 때문에 적정한 수준의 개·보수투자가 이루어지질 않아 불량의 정도는 점점 심해진다는 것이다.[14]

불량주택의 발생요인을 설명하는 죄수의 번민이론을 좀 더 구체적으로 설명한다면 그것은 <표 2-3>과 같은 4가지 사항으로 요약될 수 있다.

I. 가옥주 1과 가옥주 2가 동시에 주택의 개·보수에 투자하여 주택의 질을 높이는 경우이다. 이것은 사회적으로 가장 바람직한 상태인데 이때 가옥주의 주택소유에 대한 수익률은 가장 높아진다.

II. 가옥주 1은 투자를 하여 주택의 질을 높이고 가옥주 2는 투자를 하지 않는 경우이다. 이때 가옥주 1의 경우는 자신의 주택의 질이 향상되었음에도 불구하고 인접주택의 질이 낮아서 임대료의 상승이 주택에 대한 투자증가에 미치지 못한다. 그래서 가옥주 1은 주택보유에 따른 수익

---

13) 김형국, 전게서, pp.33-34.
14) 죄수의 번민(prisoner's dilemma)은 터커(A. W. Tucker)가 제시한 게임이론이다.

률이 낮아진다.

가옥주 2의 경우는 자신이 투자를 하지 않았으나 인접주택의 질이 높아졌기 때문에 임대료의 상승현상이 발생하여 주택보유에 따른 수익률이 높아진다.

Ⅲ. 가옥주 2는 투자하되 가옥주 1이 투자하지 않는 경우로 Ⅱ의 경우와 반대현상이 나타난다. 이때 가옥주 2의 경우는 자신의 주택의 질이 향상되었음에도 불구하고 인접주택의 질이 낮아서 임대료의 상승이 주택에 대한 투자증가에 미치지 못한다. 그래서 가옥주 2는 주택보유에 따른 수익률이 낮아진다. 가옥주 1의 경우는 자신이 투자를 하지 않았으나 인접주택의 질이 높아졌기 때문에 임대료의 상승현상이 발생하여 주택보유에 따른 수익률이 높아진다.

〈표 2-3〉 불량주택을 발생시키는 죄수의 번민

		가옥주 2	
		투 자	비투자
가옥주 1	투 자	Ⅰ	Ⅱ
	비투자	Ⅲ	Ⅳ

자료: 김형국, 「불량촌과 재개발」, 서울: 나남, 1989, pp.34-35.

Ⅳ. 양쪽 다 투자를 하지 않는 경우이다. 이것은 사회적으로 가장 바람직하지 못한 상태인데 이때 가옥주의 주택소유에 대한 수익률은 가장 낮아진다.

이 중에서 사회적으로 가장 바람직한 상태는 평균 수익률이 가장 높아지는 I의 경우 즉, 가옥주 모두다 주택의 개·보수에 투자하는 경우이다. 그러나 개별 가옥주의 입장에서 보면 상대방이 어떠한 전략을 채택하든지 투자를 하지 않는 쪽이 유리한 전략이 되므로 결국 결과는 사회적으로 가장 바람직하지 못한 상태인 IV의 경우가 초래됨으로 불량주거지역은 계속해서 잔존하게 된다는 것이다.

3) 도시공간구조변화이론

도시공간구조변화이론은 도시의 주요 기능 간의 침투·계승(invasion & succession) 과정에서 불량주거지역이 많이 발생되고 있다는 것이다.[15]

이 이론에 따르면 기존의 중심상업지구와 근린주거지역 사이의 점이지대는 노후·불량도가 심하게 나타난다. 이에는 여러 가지 이유가 있겠으나 가장 주된 것은 이들 지역이 지금 당장 중심상업적 용도로 쓰이지는 않고 있으나 조만간 이러한 기능지역으로 변화하리라는 잠재적 가치 때문에 터무니없는 고가의 지가가 형성되어 기존의 주 기능을 수용하기에는 경제적 타당성이 희박하기 때문이다. 그렇다고 아직은 이러한 고지가를 감당해낼 만한 집단적인 상업·업무행위가 이루어지기도 어려운 과도기적인 상황에 기인한다고 볼 수 있다. 따라서 이들 지역에서는 현재의 기능을 보강 개선할 수 있는 행위보다는 조만간 침투가 예상되는

---

15) 이태일, "도시재개발의 재인식", 국토개발연구원 뉴스레터, 1985.
   김형국, 전게서, p.37.

좀 더 집약적인 토지이용을 기다리는 대기성의 영세적인 행위가 주로 이루어지게 되기 때문에 기존의 환경이 방치되고, 이에 따라 환경의 악화가 급진전하게 되어 급기야는 불량주거지역화된다는 것이다.

4) 근린주구쇠락이론

근린주구쇠락이론으로 주택의 노후화는 집단적이기 쉬운데 이는 근린주구의 쇠락을 뜻하기도 한다.[16] 그 이유는 여러 가지로 설명될 수 있다. 그것은 ① 유지보수의 차질, ② 중요 지방기관의 철수, ③ 토지이용의 변화, ④ 토지이용의 변화가능성, ⑤ 일정 지구 안에 평균과 다른 가구의 유입, ⑥ 인접한 근린지구가 저소득층의 점유로 전환, ⑦ 재산세의 대폭인상, ⑧ 도시공공 서비스의 쇠퇴, ⑨ 노후화된 건축구조 등을 포함한다.

5) 행태이론

행태이론은 불량주거지역의 행태에 관심을 둔 이론으로 이 이론에 따르면 농촌에서 도시로 유입된 사람들은 도시의 현대산업에 취업할 훈련이나 자본을 갖지 못한데다 도시적인 생활방식을 아직 익히지 못한 상태로 몸은 도시에 있지만 생활방식은 여전히 농촌 사람의 처지를 면치 못한 도시촌사람(urban villagers)이다. 이들은 대체로 영세층인 까닭에 이들이 선택할 수 있는 최적주거는 불량주거지역의 불량주택이 될 수밖에 없다. 또한 위버(Weaver)에 따르면 이농민들은 ① 취업기회와 생활비에 대한 정보의 미숙, ② 도

---

16) 상게서, pp.36-37.

시지리에 대한 무지, ③ 생활습관의 차이, ④ 기술의 부족, ⑤ 교육의 불충분 등으로 도시생활에 적응하지 못하고 실패한다.[17] 특히 이들의 교육수준은 도시생활의 성공여부에 중요한 요인이 된다.[18] 교육수준이 높을수록 예상되는 소득이 높으며, 도시에서의 취업기회와 취업에 대한 정보의 입수가 용이하며, 새로운 환경에서의 적응력도 크고 이주에 따르는 심리적 부담도 적어진다. 그러므로 개인의 교육수준은 직업의 종류와 소득수준을 직·간접적으로 측정해 주는 요인이 되고 있다. 그러나 이농민들은 낮은 교육수준과 기술부족으로 정신노동이나 숙련노동을 감당할 능력을 갖추지 못한 까닭에 이들이 도시로 이주한 후 소유할 수 있는 직업은 단순노동이나 직업적 저열성으로 직결된다. 이러한 이유 때문에 이들은 도시전입 후에도 전입 전 농촌지역에서와 마찬가지로 경제적 빈곤에서 헤어나지 못하고 경제적으로 궁핍에 시달린다. 이들은 결국 도시의 빈민층으로 전락되고 거주할 장소도 비교적 집값이 싸며 쉽게 노동할 수 있는 곳을 찾아서 거주하게 되며 이것은 도시불량주거지역을 형성하게 된다.[19]

6) 불량주택형성의 불가피론

도시빈민의 범주를 파악하는 데 있어 주변화론이 설명력을 지니고 있다. 주변화론은 종속적 자본주의발전으로 인한 필연적인 결과로서 주변화현상을 설명하려는 노력이다. 즉, 대부분의 이농민들

---

17) George L-P Weaver, "도시환경에서의 농촌인구적응", 국회도서관 입법조사국, 1964, p.68.
18) 한국개발연구원, "우리나라 인구이동의 특징 1965-70", 1976, p.72.
19) 신항철, "도시빈민지역의 사회병리현상에 관한 고찰", 「주택」, 1983, p.45.

이 자본집약적 산업화로 인해 근대적 공업체계에 편입되지 못하고 주변적 대중을 이루는 것으로 인식한다.[20] 그리고 개도국의 도시화과정 중 자본주의사회가 지닌 모순과 갈등 속에서 도시빈민의 출현을 당연한 귀결로 보고 주변부의 축적이 종속적이고 대외지향적이라는 특징을 들어 이를 설명하기도 한다.[21] 이러한 도시빈민의 주거형태는 일반적 개도국도시문제인 불량주거지역의 형성으로 연결되고, 소득의 증대기회가 한정된 빈민들의 가장 현실적 주거상황이 바로 무허가불량주택인 점이다. 대부분의 개도국이 서구 선진국에서 볼 수 있는 사회주택의 공급이나 사회복지 프로그램이 미흡한 실정이므로 빈민들의 주거안정책은 국가정책의 우선순위에서 밀려나기 일쑤다. 이는 개도국의 산업화과정속에 수출지향적 공업화와 제조업육성책으로 자본의 투자 수익률이 낮다고 평가되는 주택투자는 매우 한정되어 있기 때문이다. 자본주의가 지닌 자체의 모순과 한계로 도시빈민의 형성은 필연적 현상이고 이러한 상황이 도시불량주거지역의 형성을 가능케 한다는 것이다.[22]

7) 공식적 주택시장의 한계론

주택시장은 주택의 수요와 공급의 원리에 의해 작동된다. 그러나 빈민층의 경우는 주택시장에서 유효수요집단이 아닌 소비자로서의 구매력이 없는 주택소요집단이다. 도시빈민들이 공식주택시장에 진입하려면 국가로부터 직접적 재정보조를 받거나 정부의

---

20) 김영석, 「도시빈민론」, 서울: 아침, 1985, pp.76-77.
21) 이효재·허석렬 편, 「제3세계의 도시화 빈곤」, 서울: 한길사, 1983, pp.32-33.
22) 하성규, 「주택정책론」, 서울: 박영사, 1992, pp.543-544.

저렴주택공급책으로 저렴한 주택을 구입하거나 임대받도록 해야 한다. 그러나 대부분의 개도국은 국가재정의 부족으로 도시빈민의 주거안정을 위한 재정지출을 증대할 수 없을 뿐 아니라 설령, 국가재정으로 도시빈민의 주택프로그램을 실시해도 그 수혜대상은 지극히 소수 빈민에 국한된다.[23]

결국 자본주의 개도국들이 주택시장 메커니즘으로 도시빈민들의 주택안정을 도모하기에는 한계가 있고, 공식주택시장에서 역할이 없는 빈민들은 소위 비공식주택시장을 형성하게 된다.[24] 따라서 도시빈민들의 집단적 주거지인 불량주거지역에는 불량주택가옥주, 세입자, 불량주택외지주, 불량주택투기꾼, 불량주거지역 내 가게소유자 등 다양한 불량주거지역 주민이 존재한다.[25] 이들 불량주거지역 주민들 간에는 무허가불량주택의 비공식적 주택의 공급, 교환 소비과정이 일어나고 있다. 도시빈민들의 공식주택시장 편입의 한계, 국가의 시장기능회복을 위한 자유방임적 주택정책의 실패 등에 연유하여 비공식주택시장인 무허가불량주택은 형성될 수밖에 없다는 것이다.

이렇게 볼 때 도시불량주거지역이 형성되는 요인은 저소득층의 주택구매력 부족, 주택에 대한 개보수 투자의 결여, 도시주거기능의 불량화, 근린주거환경의 쇠퇴 등으로 설명될 수 있다. 그리고

---

23) 상게서, p.545.
24) 비공식주택시장이란 주택거래나 주택생산, 공급상 정부의 허가와 절차를 밟지 않는 것을 말함.
25) C. Abrams, "Squatting and Squatters", in J. Abu-Lughod and R. Hay Jr.(eds.), <u>Third World Urbanization</u>, Chicago: Maaroufa Press, 1977, pp.293-299.

불량주거지역이 형성되는 요인은 농촌저소득계층의 도시이주, 농촌이주자들의 저소득, 기술부족, 교육수준 저하, 도시생활에의 미숙, 직업기회부족 등으로 설명될 수 있다. 이들 도시불량주거지역의 형성요인들을 실제로 조사할 수 있는 변수로 다시 구성한다면 그것은 도시이주자들의 가구주 연령, 출신지, 이동사유, 주거연수, 이동동기, 생활수준 등으로 요약될 수 있다. 따라서 도시불량주거지역의 이러한 형성요인들을 검토하여 볼 때 서울 금호동, 수원 세류동, 평택 서부동 등의 불량주거지역은 이들 요인들이 복합적으로 작용하면서 이루어졌다고 볼 수 있다.

제2절 도시불량주거지역의 한계적 특성

1. 한계성의 의미

한계성(marginality)이란 지배적 문화 및 사회·경제적 체계에 통합되지 못한 사물이나 개인의 속성을 나타내는 용어로서 열등성, 후진성, 주변성의 의미로 사용된다.[26] 이에 따라 자유시장 「메커니즘」과 직결되지 못하고, 생산이나 이용이 제도화 또는 공식화되지 못한 자원이나 지역을 한계자원(marginal resources) 또는 한계지역(marginal areas)이라고 칭한다.[27] 그리고 개인이나 집단의

---

26) Bryan Roberts, "Urbanization and Marginality in Underdevelopment", in Cities of Peasants, London: Sage publications, 1978 참조.
27) 김안제, 「환경과 국토」, 서울: 박영사, 1984, pp.138-139.

경우에는 산업사회의 가치관이나 생활태도를 지니지 못하여, 사회·경제적 활동에 제대로 참여하지 못하는 빈곤층, 실업자 및 불안전 취업자 등을 한계적 인간(marginal man)이라고 부른다.[28] 그러나 이 같은 한계성에 대하여는 아직도 통일적인 정의가 존재하지 않고 학자에 따라 견해를 달리하고 있다. 파크(Robert Park) 같은 사회심리학자는 한계성을 문화적 혼합으로 나타나는 사회·심리적 특징으로 정의하고 있다. 이질적인 문화 및 생활습관을 지닌 농촌 또는 해외이주민들이 도시로 이주해옴에 따라 두 개의 상이한 문화체계를 공유하게 되고, 이것이 심리적으로 충격과 혼란을 야기시키게 된다. 이 경우 일부 창조적이고 미래지향적인 계층은 새로운 가치관을 적극 수용하여 중산층으로 진출하기도 하나 대부분 교육 및 기술수준이 낮은 이주민들은 사회참여 및 적응과정에서 소외되어 한계적 인간으로 전락하게 된다. 이 같은 한계적 인간의 대표적 특징으로는 심리적 열등의식, 사고방식의 비합리성 그리고 행동의 일관성 및 지속성 결여와 사회참여의 회피경향 등이 있다.[29] 그러나 빈곤문화학파인 루이스(Oscar Lewis)는 한계성을 빈곤이나 결핍상태에 대응하는 개인의 성격적 특징으로 보고 있다. 한계적 인간은 의심, 냉소주의, 무관심, 무력감, 열등감, 충동에 대한 통제력 결여, 현시지향성 그리고 소외와 체념의식, 의존성, 부녀자 유기 및 사회참여회피 경향을 지닌 것으로 알려지고 있다. 빈곤문

---

28) 박수영, 김용웅, "도시불량주거지역주민의 한계적 특성", 「국토연구」, 제Ⅲ권, 국토개발연구원, 1984, p.27.
29) Robert E. Park, "Human Migration & the Marginal Man", J. E. Perlman The Myth of Marginality, University of California Press, 1976, pp.98-102.

화의 가장 핵심적 문제는 이 같은 한계성이 집단 내의 상호작용과 사회적 과정을 통하여 어린 자녀들에게 교습, 전달되어 영구적 하위문화체계를 형성하는 것이라고 할 수 있다.[30] 이 밖에 학파에 따라서는 한계성을 단순히 농촌적이거나 전통적인 사고방식과 행태적 특징으로 보기도 하고, 사회참여 배제에 대한 반동으로 나타나는 절망감, 좌절의식, 공격적 성향 및 규범부재현상으로 이해하기도 한다. 특히 「슬럼」 및 무단점유지구 등 불량주거지를 도시기능 및 개발의 장애요인으로 보고 있는 일부 도시계획가 및 건축가들은 불량주거지역의 환경적 조악성 및 과밀주거 상태하에서 발생하는 사회적 해체현상과 탈세행위 등을 한계성의 특징으로 보기도 한다. 펄만(Janice E. Perlman)은 이 같은 이론적 갈래를 민속학파, 전통성 및 현대화학파, 사회참여이론 그리고 건축학적 생태학파 등으로 분류, 설명하고 있다.[31]

본 연구에서 사용되는 한계성은 루이스 및 기타 학자가 주장하는 빈곤이나 결핍상태에 대응하는 개인의 성격적 특징으로 사회에 문제가 되는 행태를 중심으로 고찰한다. 따라서 불량주거지역 주민의 한계적 특성에 관한 분석내용 및 지표는 <표 2-4>와 같다.

---

30) Oscar Lewis, "The Culture of Poverty", Scientific America 215, NO.4, 1966, pp.19~25.
31) Robert E. Park, op. cit., pp.91-131.

〈표 2-4〉 불량주거지역 주민의 한계적 특성에 관한
분석내용 및 지표

구 분	한계성	분석내용	지 표
사회적 특성	내부적 와해	·이웃과 단결 및 유대감 ·주민조직활동 참여회피	·이웃과 접촉내용/빈도 ·주민조직활동에의 참여경험
	외부적 고립	·외부에 대한 열등의식 ·외부정보접근도 ·외부자원 및 시설이용도	·현 주거지에 대한 수치심 여부 ·매스컴수단 보유현황 ·교육시설 이용현황
문화적 특성	전통적 가치관 및 행태	·전통적 가족관 및 가족생활 ·개혁 및 미래사회에 대한 폐쇄성	·가족계획실시 여부, 자녀수 ·자녀취학률, 대가족 제도 ·전통적 의료수단 의존도
	빈곤문화형성	·가정해체 ·비규범적 행태 ·절대적 좌절의식	·특수가구현황 ·범죄 및 비행빈발 정도 ·생활향상 경험과 전망
경제적 특성	도시경제에의 손실 및 의존성	·생산 및 경제활동 참여 행태 ·도시경제에서의 기여도	·경제활동참여율, 취업현황 ·가계소비행태 및 구매력 ·상품구입처
	경제적 이동성 결여	·직업적 이동성	·고용구조

2. 사회적 특성

불량주거지역은 도시빈민층 및 이농자들로 하여금 값싼 주택을 공급하고 도시생활방식을 교육시켜주며 일부의 주거자에게는 익명의 편의도 제공해준다. 쉐라드(Sherrard)에 의하면 불량주거지역은 신입주자와 도시의 낙오자 즉, 상승이동이 가능한 사람들의 정류소 또는 피난처의 역할을 수행한다는 사회적 전이의 양면적

특성을 강조하고 있다.32) 같은 맥락에서 라이머(Riemer)도 불량
주거지역은 사회적 이동의 정류소 역할을 하게 되는 경우와 도시
로 이주하는 신참자들에게 일시적 장소를 제공함으로써 그들이
더욱 사회·경제적으로 더 향상될 수 있도록 하여주는 긍정적인
면에서의 기능적 특성을 강조하고 있다.33) 그러나 불량주거지역
이란 주거의 상태나 환경이 불량함을 내포하는 개념이므로 비정
상적인 주거환경에서는 어떤 개인적 집단적 또는 사회적 문제가
발생하게 되며, 지역의 특수성에서 찾아볼 수 있는 것처럼 실업
자, 매음 중독자, 범법자 등과 같이 반사회성이 크다는 것이다.34)

또한 이장현의 연구결과를 보면 불량주거지역은 각종 일탈행위
의 발생률이 높고, 더욱 놀라운 사실은 범죄적 양식이 지역의 일
종의 문화적 전통이 되고 있어 이러한 지역에는 비행 또는 범죄
하위문화가 존재한다고 한다.35)

김영모 교수는 불량주거지역은 급격한 산업화가 일어나고 취업
기회가 개방되어 있는 사회와 몰락한 농촌지역민과 중소도시민의
향도가 가능한 사회에서는 일시적 정류소로서의 특성을 갖는다
할지 모르나 사회구조와 사회변화가 존재하지 않는 사회에서는
신입주자든 몰락도시민이든 간에 오히려 영원한 피난처로서 사회
적 문제의 온상이 된다고 강조하고 있다.36)

---

32) Thomas D. Sherrard, Social Welfare and Problem, N.Y.: N.C.S.W.,
    1968, pp.132-133.
33) Svend Riemer, The Modern City, N.J: Prentice-Hall, 1952, p.139.
34) 森 喜 一,「都市の貧困」, 三一新書, 1958, p.44.
35) 이장현, "한국사회에 있어서의 청소년 일탈행위에 관한 사회학적 분
    석", 이화여자대학교 한국문화연구원, 1978, p.217.

따라서 이들 한계성 이론을 사회적인 측면에서 보게 되면 그
특성은 내부적으로 와해되어 있고 외부적으로 격리 또는 고립되
어 있다.[37] 그리고 불량주거지역의 주민들은 단결심 및 유대감이
없어 주민상호간에 단절된 생활을 하고 있고, 내부사회조직이 크
게 약화되어 있다. 한편 이들은 외부사회의 자원이나 기회를 활
용할 수 있는 능력과 관심 및 정보 등이 결여되어 있고, 외부로
부터의 편견과 차별로 인하여 외부와 단절, 고립된 생활을 하고
있다.

3. 문화적 특성

농촌인구가 도시로 유입하여 형성되는 불량주거지역은 문화적
특성이 한마디로 도시에 살고 있지만, 도시인답지 못하다 하여
도시속의 촌락민(urban villagers)이라고 일컫기도 한다. 한계성
이론에서 주장하는 불량주거지역의 문화적 특성[38]은 첫째, 전통
이나 관습에 대한 지향성이 강하고 새로운 변화나 미래에 대한
신념이 약하다. 불량주거지역 주민들은 도시생활 속에서도 전통
적이고 농촌적인 생활습성을 계속 유지함으로써 산업사회적응에
장애를 초래하고 있다. 특히 폐쇄적이고 편협한 가족·친족주의
때문에 외부인 및 외부사회를 불신하고 사회생활에서의 참여의식
이 부족하다. 한편 생활사 처리에 있어 합리성보다는 관습이나

---

36) 김영모, 전게논문, 1971, p.31.
37) 박수영, 김용웅, 전게논문, p.14.
38) 상게논문, pp.13-14.

감성에 지나친 의존성을 보이고 있으며 미래의 변화에 대한 도전의식이 결여되어 있어 현실에 안주하는 경향이 있다.

둘째, 빈곤이나 결핍상태의 해소에 적극적이지 못하며 일부는 비규범적 또는 반사회적 방식으로 이를 극복하려는 경향이 높다. 불량주거지역 주민들은 현재의 결핍상태를 합리적이고 자조적인 방법으로 극복하려 하지 않고 좌절 또는 포기하거나 다른 사람에게 의존하려 한다. 또한 일부주민은 이 같은 결핍상태를 충동적이고 비규범적인 방법으로 해결하려는 경향이 높다. 한편 한계적 인간은 폭력, 범죄, 윤락 등 사회병리적 행태에 대하여 매우 관용적인 태도를 지니고 있다.

셋째, 주변사에 대한 무력감과 좌절의식 속에서 정치적으로 공격적이고 과격한 행동에 휩싸이기 쉽다.

따라서 불량주거지역을 문화적인 측면에서 보게 되면 대부분 생활향상에 대한 높은 열망과 기대를 가지고 농촌을 떠나 도시생활을 시작하나 머지않아 그의 희망은 좌절되고, 나중에는 최소한의 생계유지조차 곤란함에 직면하게 된다. 이 경우 이들은 심한 좌절감과 무력감에 빠지게 되고 자포자기적인 상태에 이르게 된다. 특히 주변의 풍요는 이들의 좌절감과 절망감을 더욱 촉진시켜 공격저이고 과격한 성향을 유발하게 된다.

4. 경제적 특성

경제적으로 기반과 능력이 부족한 도시유입인구층은 주거의 근거지로 값싼 주택을 구할 수 있는 길은 불량주거지역에 주택을 값싸게 짓거나 매입하는 것이다. 또한 이곳은 생활근거지로 저렴한 노동력을 도시의 여타 지역에 제공한다든가 소규모 가내수공업을 운영한다.[39] 그러므로 불량주거지역은 경제적으로 광범위한 고용기회와 저소득층에게 투자기회를 제공하는 역할을 한다. 이러한 불량주거지역의 경제적 특성을 좀 더 구체적으로 설명한다면 그것은 다음과 같이 요약될 수 있다. 첫째는 주민들의 현재의 경제적 능력과 관련하여 정상주택을 구입할 수 없는 상황에서 최소한의 거처를 제공해준다. 둘째는 빈곤한 사람들에게 주택의 소유는 단순한 거처로서의 기능 이외에 경제적 안정성을 확보해준다. 즉, 주택 그 자체는 불량하여 보잘 것 없지만 고용, 교육, 문화적 기회에 접근하는 입지로서 기능을 제공할 뿐만 아니라 주택소유자에게는 임대나 가내수공업 등으로 가계수입에 일익을 담당한다. 셋째는 불량주거지역은 보다 안정된 지역사회로서의 기능을 제공하여 준다. 대개 이 지역은 친족관계, 동류집단의 사회적 연대의식이 강하고, 농촌에서 도시로 처음 이입한 사람들에게 적절한 주거지로서의 기능을 한다고 주장한다. 그러나 이와는 달리 잠재적인 실업 내지 실업의 증대, 취약한 3차산업구조의 비대 등의 요인이 될 수 있으며 도시정부의 재정적 부담을 가중시키는 것도 간과할 수 없는 역기능적인 면이다.[40] 한편 한계성 이론의 주장은 불량주거지역 주민은 경제적 자립의사와 능력이 결여되어 의존적 생활을 하며 도시경제에 부담을 준다는 것이다.[41] 그리고 불량주거지역 주민들

---

39) 김영모, "빈민지역의 사회생태학적 고찰", 「도시문제」, 1971, pp.13-14.
40) 서울대학교 환경대학원, 전게서, pp.31-32.
41) 박수영, 김용웅, 전게논문, p.14.

은 산업사회의 노동윤리나 의지가 희박하여 교육이나 기술훈련 등을 외면하기 쉬우며 생산적인 활동을 회피함으로써 가족부양을 공공부조나 타인에 의존하는 성향이 높다. 그 결과 도시경제에 손실과 부담을 준다. 특히 경제적 이동성이 결여되어 있어 퇴영적 생활에 빠지기 쉽다.

제3절 도시불량주거지역에 대한 연구동향

불량주거지역에 대한 연구동향은 먼저 외국과 국내의 경우를 생각할 수 있는데 이들은 각기 크게 두 가지로 나누어 검토해 볼 수 있다. 하나는 불량주거지역의 특성이 부정적이라는 결론을 도출한 경우이고 다른 하나는 긍정적이라는 결론을 도출한 경우이다.

1. 외국의 연구동향

불량주거지역에 대한 외국학자들의 연구동향을 시대별로 나열하면 그것은 다음과 같이 요약될 수 있다.

1) 시카고학파의 연구

1950년대까지의 불량주거지 연구는 주로 시카고학파의 영향을 받았다. 시카고학파의 연구는 대개 물리적인 환경이 개인의 가치관 및 행태에 직접적인 영향을 준다는 인간생태학(human ecology)이론에 근거를 두고 불량주거지역의 특성을 분석하였다. 이 이론에 따르면 불량주거지역은 화재, 매춘, 범죄 및 질병의 소굴과 온상이며 주민들은 거의가 생활무능력자, 알코올중독자, 범죄자 등 반사회적 또는 사회부담이 되는 낙오자들이라는 피상적이고 독선적인 견해가 지배적이었다.[42]

2) 실리(Seeley)의 연구

실리는 1959년에 슬럼의 특성과 거주자들이라는 논문에서 환경지배논적 획일적인 인식을 거부하고 슬럼은 실제적으로 매우 다양한 사회계층의 주거지로서 다양한 역할을 수행하고 있다는 사실을 체계적으로 연구하였다.[43] 실리에 의하면 <표 2-5>에서 보여주는 바와 같이 슬럼 주거자는 크게 슬럼에 영구적으로 거주하는 영구거주자와 임시적으로 거주하는 임시주거자로 나뉘며 이들은 다시 어쩔 수 없이 슬럼에 거주하지 않으면 안 될 강요된 거주자와 슬럼거주를 스스로 선택한 자발적인 거주자들로 구분하였다.

특히 임시거주자의 경우는 대부분이 사회에서 생각하는 범죄자, 알코올중독자, 생활 무능력자들과는 거리가 먼 언제나 재기할 수 있는 고등실업자, 파산된 중산층 그리고 특수한 목적을 달성하고자 하는 젊은 계층들이었다. 그래서 이들 슬럼은 그들에게 궁극적이고 보호적인 역할을 수행하는 환경이라고 했다.

---

42) 노춘희, 『도시재개발』, 서울: 경영문화원, 1986, p.38.
43) John Seeley, "The Slum: Its Nature, Use and Users", Journal of American Institute of Planner, Vol.35, 1959, pp.7-14.

<표 2-5> 실리(Seeley)의 슬럼 거주자 유형

거주기간＼거주동기	강요된 거주자	자발적 거주자
영구적 거주자	1. 게으른 자 2. 틀에 박힌 빈민층 3. 부랑민	1. 도망자 2. 특정한 사회운동가 3. 문제인
임시적 거주자	1. 노인, 고등실업자 등 몰락한 중산층 2. 갑자기 파산된 계층	1. 새로운 가구형성자 2. 사회, 경제적 지위를 짧은 기간 내에 형성하려는 자 3. 슬럼을 이용한 실업자

자료: John Seeley, "The Slum: Its Nature, Use and Users", Journal of American Institute of Planner, Vol.35, 1959, pp.7.

3) 지스트(Gist)와 햄버트(Halbert)의 연구

지스트와 햄버트는 1964년에 불량주거지역에 대한 연구결과를 발표하였다. 이 연구에서는 불량주거지역을 해체지역(disorganized area)으로 보고 그 특수형태를 연구하였다. 이것은 불량주거지역을 빈약한 주택과 빈곤한 사람들로 이루어진 지역으로 물리적 황폐 즉, 주택의 불량, 인구과밀, 각종 설비와 환경위생의 미비 등에 따라 사회적인 해체가 이루어진 지역으로 보는 것이다.[44]

4) 아브람스(Abrams)의 연구

아브람스는 1966년에 선진국과 개발도상국의 불량주거지역의 특성을 비교하였다. 선진국의 불량주거지역의 특성은 합법적인

---

44) Noel P. Gist & L. A. Halbert, Urban Society, New York: Thomas Y. Crowell Co., 1964, pp.172-182.

건물이나 물리적 노후, 과밀, 설계 및 계획이 미흡한 주거지역뿐만 아니라 비주거지역도 포함된 지역으로 주민의 안전, 건강, 도덕성에 위해를 끼치며 범죄, 질병 등으로 경제적 자립도가 낮은 저소득층주거지역으로 규정하고 있다. 개발도상국의 경우는 국·공유지, 사유지의 불법적인 무단점유나 침입된 지역으로 건축법 등의 법적 기준에 미달한 주택이 대부분이며 저소득층, 도시영세민 등의 정착지로서 주택의 기본서비스 불비 및 공공서비스가 미흡한 지역으로 규정하고 있다.[45]

5) 스톡(Stockes)의 연구

스톡은 1970년에 슬럼의 다양성과 동태적 기능 등 슬럼의 특성에 관한 실리의 연구를 보완한 연구를 하였다. 스톡에 따르면 <표 2-5>에서 보여주는 바와 같이 슬럼을 거주자의 사회·경제적 능력과 생활 심리적인 태도를 중심으로 고찰, 분류하고 있다. 슬럼 거주자들은 사회적 지위를 향상시켜 슬럼을 탈출할 능력이 있는 자와 그러한 능력이 결여되어 있는 자로 나누어지며 이들은 다시 외부세계와 자신의 장래에 대하여 희망을 가지고 있는 자와 절망을 가지고 있는 자 등 4가지 종류로 나뉘고 이들은 대개 특성별로 집단적 거주지를 형성한다는 것이다. 이에 따라 슬럼 자체를 첫째, 능력자들의 희망적 슬럼, 둘째, 능력자들의 절망적 슬럼, 셋째, 무능력자들의 희망적 슬럼, 넷째, 무능력자들의 절망적 슬럼으로 구분하였다.

---

45) C. Abrams, <u>Squatter Settlement: The Problem and Opportunity, Washington D. C.</u>, Division of International Affairs, Department of Housing and Urban Development, 1966 참조.

그리고 슬럼은 특성에 따라서 사회적으로 매우 긍정적인 역할을 수행한다는 것을 시사하고 있다.[46]

<표 2-6> 스톡(Stockes)의 슬럼분류

생활태도 사회· 경제적 지위향상	희 망	절 망
능력자	1) 능력자들이 거주하는 희망의 슬럼	2) 능력자들이 거주하는 절망의 슬럼
무능력자	3) 무능력자들이 거주하는 희망의 슬럼	4) 무능력자들이 거주하는 절망의 슬럼

자료: C. J. Stockes, "A Theory of Slum", Slums & Urbanization, Popular Drakashan, 1970, p.57.

6) 로덴베르그(Rothenberg)의 연구

1974년에 로덴베르그는 불량주거지역을 슬럼지역(slum area)과 노후지역(blight area)으로 구분하여 그 특성을 연구하였다. 그리고 슬럼지역은 황폐화, 과밀, 설계와 관리의 결함, 통풍, 조명 등 위생시설의 결핍 등으로 인간의 안전, 건강, 사기에 해를 끼치는 지역이라고 설명하고 있다.[47]

---

46) C. J. Stockes, "A Theory of Slum", Slums & Urbanization, Popular Drakashan, 1970, p.57.
47) J. Rothenberg, "Elimination of Blight and Slum", The City, Problems of Planning, Baltimore: Penguin, 1974, p.132.

7) 림(Lim)의 연구

1975년에 림은 불량주거지역에 대한 연구논문을 발표하고 거기서 그는 불량주거지역에 대한 다음과 같은 몇 가지 특성을 도출하였다.[48]

첫째, 주민들의 소득과 교육수준 및 위생수준이 낮다. 둘째, 생활정도는 생존적이고 한계수준이다. 셋째, 범죄 및 비행률이 높고 가정파탄율도 높다. 넷째, 1인당 주거밀도가 지나치게 높다. 다섯째, 최근 농촌이나 소도시로부터의 이주민이 늘고 있다. 여섯째, 토지이용 면에서 상업용, 주거용, 가내수공업 등의 혼합적 토지이용상태다. 일곱째, 학교나 녹지와 같은 공공시설이 없다. 여덟째, 교통체증이 심하고 사고율이 높다. 아홉째, 수도, 가스, 전기, 위생처리, 하수처리, 쓰레기 처리시설, 도로공해 등 필수적인 도시 서비스가 빈약한 상태이다.

8) 루이스(Oscar Lewis)와 펄만(Janice E. Perlman)의 연구

빈곤문화학파인 루이스[49]와 펄만[50]은 1976년에 한계성 이론에 따라 불량주거지역 주민의 행태 및 사회적응과정의 대표적 특성을 연구하고 다음과 같은 몇 가지 특성을 도출해 냈다.

(1) 내부적으로 와해되어 있고, 외부적으로 격리 또는 고립되어 있다. 불량주거지역 주민들은 단결심 및 유대감이 없어 주

---

48) William Lim, Equity and Urban Environment in the Third World, Singapore: New Art Printing Co, 1975, pp.37-38.
49) Oscar Lewis, op. cit., pp.19-25.
50) Janice E. Perlman, op. cit., pp.91-131.

민 상호간에 단절된 생활을 하고 있고, 내부사회조직이 크게 약화되어 있다. 한편 이들은 외부사회의 자원이나 기회를 활용할 수 있는 능력과 관심 및 정보 등이 결여되어 있고, 외부로부터의 편견과 차별로 인하여 외부와 단절, 고립된 생활을 하고 있다.

(2) 전통이나 관습에 대한 지향성이 강하고 새로운 변화나 미래에 대한 신념이 약하다. 불량주거지역 주민들은 도시생활 속에서도 전통적이고 농촌적인 생활습성을 계속 유지함으로써 산업사회적응에 장애를 초래하고 있다.

특히 폐쇄적이고 편협한 가족·친족주의 때문에 외부인 및 외부사회를 불신하고 사회생활에서의 참여의식이 부족하다. 한편 생활사 처리에 있어 합리성보다는 관습이나 감성에 지나친 의존성을 보이고 있으며 미래의 변화에 대한 도전의식이 결여되어 있어 현실에 안주하는 경향이 있다.

(3) 빈곤이나 결핍상태의 해소에 적극적이지 못하며 일부는 비규범적 또는 반사회적 방법으로 이를 극복하려는 경향이 있다. 불량주거지역 주민들은 현재의 결핍상태를 합리적이고 자조적인 방법으로 극복하려 하지 않고 좌절 또는 포기하거나 다른 사람에게 의존하려 한다. 또한 일부 주민은 이 같은 결핍상태를 충동적이고 비규범적인 방법으로 해결하려는 경향이 높다. 한편 한계적 인간은 폭력, 범죄, 윤락 등 사회병리적 행태에 대하여 매우 관용적인 태도를 지니고 있다.

(4) 경제적 자립의사와 능력이 결여되어 의존적 생활을 하며 도시경제에 부담을 준다. 불량주거지역 주민들은 산업사회

의 근로윤리나 의지가 희박하여 교육이나 기술훈련 등을 외면하기 쉬우며 생산적인 활동을 회피함으로써 가족부양을 공공부조나 타인에 의존하는 성향이 높다. 그 결과 도시경제에 손실과 부담을 준다. 특히 경제적 이동성이 결여되어 있어 퇴영적 생활에 빠지기 쉽다.

(5) 주변사에 대한 무력감과 좌절의식 속에서 정치적으로 공격적이고 과격한 행동에 휩싸이기 쉽다. 불량주거지역 주민들은 대부분 생활향상에 대한 높은 열망과 기대를 가지고 농촌을 떠나 도시생활을 시작하나 머지않아 그의 희망은 좌절되고 나중에는 최소한의 생계유지조차 곤란함에 직면하게 된다. 이 경우 이들은 심한 좌절감과 무력감에 빠지게 되고 자포자기적인 상태에 이르게 된다. 특히 주변의 풍요는 이들의 좌절감과 절망감을 더욱 촉진시켜 공격적이고 과격한 성향을 유발하게 된다.

9) 터너(Turner)의 연구

터너는 1976년에 불량주거지역의 주택문제를 해결하기 위한 한 방법으로서 자조주택론(self-help housing)을 주창하였다. 자조주택론은 주민의 자구적 노력으로서 스스로 주택문제를 해결해 나가는 것에 초점을 맞춘 주택개발의 한 철학이라 할 수 있다. 즉, 주택이 지닌 물리적 특성 그 자체보다 주택의 사용가치를 더욱 중요시 한다는 데 강조점을 두고 있다. 그래서 주택건설을 위해 주민 스스로의 적극적인 참여를 권장하고 이것이 확대·주민 운동화되어 저소득층 주거안정을 도모할 수 있다는 주장이다.

한편 기존의 개발도상국 저소득층에 대한 주택정책 내지 재개발정책은 불량주택을 전면철거재개발의 형태를 취하기 때문에 불량주거지역의 주택문제가 더욱 악화되는 경험을 지니고 있다. 많은 개발도상국이 주민의 자조적 노력에 의한 주택건설 그 자체를 무시하고 관료적 체계하의 주택건설공급을 지속해 왔다. 이는 개발도상국이 안고 있는 불량주거지역 주민의 자율성과 합리성에 근거한 자조적 주택건설 노력을 고무시켜야 한다는 주장이다. 즉 개발도상국가들의 불량주거지역 형성을 인정하고 또 이는 피할 수 없는 현실임을 수용한 바탕 위에서 관료적 불량주택철거보다는 주민의 노력으로 주택문제를 해결하도록 하자는 것이다.[51]

10) 맥기(McGee)의 연구

맥기는 1979년도에 도시불량주거지에 관한 저서를 발간하였다. 그의 책에 따르면 개발도상국의 경우 불량주거지역의 발생은 소득의 불균형적 배분, 주택자원의 지역간·계층간 불공정한 배분 등을 국가가 제대로 시정하지 못하는 모순 속에서 불량주거지역이 발생된 것이라고 주장하고 있다. 자본주의가 소득의 불균형을 해소하는 복지정책이 미흡해서 도시빈민은 불량주거지역을 형성할 수밖에 없다는 논리이다. 소득이 불균형적으로 배분된 사회 속에서 제 사회적 갈등관계와 도시빈민의 재생산 메커니즘의 이해 없이 가시적으로 나타난 빈민들의 불량한 주택과 불법성을 들어 철거를 주장하고 냉대하는 것은 잘못이라는 지적이다.

---

51) J. F. C. Turner, <u>Housing by People</u>, London: Marion Boyars, 1976 참조.

상기 지적된 불량무허가주택 발생의 필연성과 그들의 자구적 생존노력을 들어 철거재개발의 정부정책은 문제해결이라기보다 문제의 장소적 이전이나 미봉책에 불과하다는 점이다. 따라서 맥기는 개발도상국의 주택정책이 첫째, 개발도상국의 소득배분과 전반적 도시화 경향의 이해 속에서 수행되어야 하고 둘째, 불량 주거지역의 저소득층의 인구를 현실적으로 수용하고 있다는 긍정적 시각에서 출발해야 하며 셋째, 저소득층이 수용할 수 없는 수준의 주택을 유지하게 하는 주택정책은 실효성이 없다고 강조하고 있다.[52]

11) 가스텔(M. Castells)

까스텔은 1982년도에 도시의 슬럼이란 책을 발표하였다. 이 책에 따르면 불량주거지역발생은 자본축적의 과정으로서 자본주의가 지닌 내적 모순에서 찾을 수밖에 없다는 신마르크스주의적 주장을 하고 있다. 즉 불량주거지역의 불량주택은 불법성과 불량성의 기준에서 파악될 것이 아니라 도시토지자본, 금융자본, 부동산자본 등의 이해가 상충되고 정부정책을 통한 자본의 이해가 충족되는 결과로서 이해할 필요가 있다는 시각이다.[53]

---

52) T. McGee, "Urbanization, Housing and Hawkers: the Context for Development", in H. S. Murison and J. P. Lea(ed), <u>Housing in Third World Countries</u>, London: Macmillan, 1979, pp.13-21.
53) M. Castells, <u>Urban Question</u>, London: Edward Arnold, 1982 참조.

2. 한국의 연구동향

불량주거지역에 대한 한국학자들의 연구동향을 시대별로 나열하면 그것은 다음과 같이 요약될 수 있다.

1) 권이구, 최협의 연구

1970년에 권이구와 최협은 우리나라의 불량주거지역의 특성에 관한 연구논문을 발표했다. 그들에 따르면 우리나라의 불량주거지역은 근린의식이 약하고, 익명성이 높으며, 사회통제력이 약하고, 이중적인 도덕기준을 갖고 있다는 사회해체적 요소를 강조하였다. 이와 같은 연구결과는 종래의 불량주거지역에 대한 새로운 인식과 각성을 요구하고 있다.[54]

2) 김영모의 연구

1972년에 김영모는 한국불량주거지역의 사회적 해체현상을 연구하였다. 이 연구에 따르면 불량주거지역에서 인구, 직업, 유동성, 사회통제, 질병률은 나타나고 있으나 반사회적 직업, 반사회적 행위자, 높은 익명성, 사회적 거리, 가족해체 등은 우리나라의 경우에 맞지 않음을 지적하고 있다. 이는 우리나라의 불량주거지역이 반사회적 기능집단이 아님을 주장하는 것이다.[55]

---

54) 권이구, 최협, "서울 판자촌의 인류학적 조사", 「형성」, 제4권 제1호, 서울대학교 문리과대학, 1970, pp.81-83.
55) 김영모, 「한국사회학」, 서울: 법문사, 1972, p.248.

3) 이효재, 이동원의 연구

1972년에 발표한 이효재, 이동원의 연구에 따르면 우리나라의 불량주거지역은 대부분 이농민들로 구성되어 있고 반사회적인 사람이 적으며 도시생활에 적응키 위한 일시적인 거주지로서의 역할을 수행하고 있다. 그러나 이 지역에 장기간 거주하는 사람은 역시 생활의 향상을 이루지 못하는 능력 없는 부적응자라고 생각할 수 있으며, 이들은 직업성격상 저열성을 면치 못하고 있는 단순노동이나 실업상태로 시간이 흐를수록 불량주거지역에 거주하는 비율이 커지는 성격을 갖고 있다. 반면 기능공, 판매원, 사무직, 전문직에 종사하는 사람들의 비율은 점차 줄어드는 것을 밝히고 있다.

이와 비슷한 현상으로 미래생활에 대한 기대도 거주기간이 길어질수록 부정적으로 나타나고 그리고 생활이 더 못해질 것이라는 비관적인 사람이 더 많은 비율을 차지하고 있다. 이들은 계층적 상승이동을 원하기 때문에 자녀들에게 높은 수준의 교육을 시키려고 원하지만 실제의 불안정한 경제활동은 그 기대를 무산시켜버리게 되며 따라서 부모들이 기대하는 직업이동과 계층이동 가능성은 극히 희박하게 된다고 주장하고 있다.

이와 같은 연구결과에 의하면 우리나라 불량주거지역의 거주자들은 시간이 지남에 따라 점차적으로 미국의 슬럼지역과 같이 사회적인 무능력자들의 집합체로 전락해 가는 과정적 단면을 엿볼 수 있으며 이들은 가족환경과 사회구조 사이에 심한 갈등을 느끼게 될 것이며, 반사회적인 경향을 갖게 될 수 있다는 점을 시사

하고 있다.[56]

4) 주종원과 박수영, 김용웅의 연구

1980년에 발표한 주종원[57]과 박수영, 김용웅[58]의 연구에서는 다음과 같은 특성을 열거하고 있다.

첫째, 불량주거지역은 지역 내의 동향 및 혈연관계 등으로 근린의식이 강하며 사회적 일체감이 조성되고 있다. 이것은 한계성 이론의 주장과는 달리 불량주거지역 주민들이 외부에 대하여 열등의식을 크게 느끼지 않는 것으로 조사한 것이다.

둘째, 우리나라 불량주거지역에서는 다소 전통이나 관습에 대한 지향성은 나타나고 있지만 일반적인 가정과 비교하여 별 차이가 없으며 사회적인 병폐도 유발하지 않고 2세 교육을 통하여 사회·경제적 지위를 향상시키려는 의지가 강한 것으로 조사하고 있다.

셋째, 불량주거지역 주민들의 반응은 일반 가정에서 나타나고 있는 주민들의 합리적이고 현실적인 생활태도, 미래지향적인 생활관 등과 일치하고 있는 것으로 조사하고 있다.

넷째, 도시빈곤층이나 불량주거지역 주민들이 도시경제에 손실을 끼치고 도시자원을 고갈시키고 있는 가장 근 원인은 이들이 노동의욕과 능력이 없어 생산 및 경제활동에 제대로 참여하지 못

---

56) 이효재, 이동원, "도시빈민가족문제 및 가족계획에 관한 연구", 이화여자대학교 여성자원개발연구소, 1972, p.31.
57) 주종원, "서울시 불량주택지구 개선에 관한 연구", 「국토계획」 제19권 제1호, 1984, pp. 20-21.
58) 박수영, 김용웅, 전게논문, pp.12-30.

하기 때문이다. 그러나 우리나라의 불량주거지역 주민들은 매우 적극적으로 생산 및 경제활동에 참여하고 있는 것으로 조사하고 있다.

다섯째, 불량주거지역 주민의 대표적인 성격상의 특징은 무력감, 절망감, 비관론이라고 할 수 있다. 이 같은 성격을 지닌 개인이나 집단은 보다 나은 내일을 기대하지도 않을 뿐만 아니라 오히려 더욱 악화되리라는 패배주의적 비관론에 빠지게 된다. 그러나 우리나라의 경우 불량주거지역 주민들의 대부분은 비교적 낙관적인 미래생활을 기대하고 있으며 향후 생활이 악화되리라고 믿는 비관론자도 거의 없다. 이 같은 미래에 대한 전망은 지금까지의 생활향상 경험과 미래생활에 대비한 자녀교육 및 저축 등 주민들의 능력과 잠재력에 근거를 두고 있어 상당수의 주민들은 높은 상향적 이동성을 지닌 희망적 계층에 속한다고 조사하고 있다.

5) 김영석의 연구

1985년에 김영석은 도시빈민론이라는 책을 발표하였다. 그의 논문에 따르면 개발도상국의 도시화과정에서 불량주택이 형성되는 것은 당연한 것이며 이것은 불량주거지역 주민의 특성을 파악하는 데 있어 한계성 이론이 설명력을 지니고 있다고 한다. 한계성 이론은 종속적 자본주의 발전으로 인한 필연적인 결과로서 한계적 현상을 설명하려는 노력이다. 즉 대부분의 이농민들이 자본집약적 산업화로 인해 근대적 공업체계에 편입되지 못하고 주변적 대중을 이루는 것으로 인식한다.[59]

6) 하성규의 연구

하성규는 1988년에 불량주거지 재개발정책의 발전적 전개를 위한 정책대안이라는 논문을 발표하였다. 우리나라의 불량주거지역에 대한 재개발정책과 관련하여 문제점은 대체로 주택정책 및 도시관리정책의 일관성 결여와 더불어 재개발되어야 할 「장소」에만 신경을 쓰고 그곳에 거주하는 「사람」 즉, 주민에 대해서는 근본적인 대책을 수립하지 못했다. 따라서 재개발정책의 방향은 장소보다 그곳에 사는 주민에 대한 이해와 그들의 주거안정이 우선되어야 할 것이라고 강조하고 있다.[60]

7) 김형국의 연구

김형국은 1989년에 우리나라 불량주거지역 형성의 특수사정에 관한 논문을 발표하였다. 그의 논문에 따르면 불량주거지역문제는 결코 물리적인, 공간적인 문제가 아니며 불량주거지역에서 살고 있는 사람의 삶의 문제이다. 그래서 불량주거지역을 도시공간정비라는 물리적 시각에서만 주로 살펴본 왜곡과 편협을 벗어나 종합과학적 시각과 접근으로의 방향설정을 제기하여야 한다는 것이다. 특히 그는 불량주거지역에 거주하고 있는 세입자들의 생존권저 기본권의 법적인 정당성을 강조하고 있다.[61]

---

59) 김영석, 「도시빈민론」, 서울: 아침, 1985 pp.76-77.
60) 하성규, "불량주거지 재개발정책의 발전적 전개를 위한 정책대안", 천주교 서울대교구 도시빈민사목위원회, 1988 참조.
61) 김형국 편저, 전게서, pp.21-42.

8) 조옥라의 연구

1989년에 도시빈민의 사회경제적 특성과 지역운동이라는 논문을 발표하였다. 이 논문에서 불량주거지역에 살고 있는 주민들이 종사하는 직업은 불안정하고 개인적 관계망에서 의존하는 율이 높고, 그리고 높은 학력, 경력, 기술을 별로 요구하지 않는 것들이 절대 다수를 차지하고 있다. 그리고 한 개인의 수입이 안정적이거나 충분하지 않기 때문에 일정한 연령이 지난 대부분의 가족 구성원들이 돈벌이에 나서거나 가족원의 생계활동을 돕고 있으며, 이들의 경제활동은 이들이 노동시장에 필요한 자원을 결핍하고 있기 때문에 좀 더 안정된 공식부문으로부터 소외되어 있다고 주장한다.

따라서 불량주거지역 주민들의 경제적·사회적 제약점을 도시화의 부수적인 과정으로 이해할 경우 불량주거지역 주민의 문제는 산업사회의 한 현상이다. 그래서 도시화 내지 산업화가 본격으로 추진될 때 이들 사회문제는 완화되리라고 인식하게 된다. 그러나 도시화는 자본주의화의 결과이다. 자본주의는 자본축적상 농업의 지속적 해체를 야기하며 또한 도시빈민을 창출한다. 도시빈민은 정체적 과잉인구층으로 공장노동자와 마찬가지로 자본의 축적과정에 기여하는 것으로 평가되기도 한다.

이러한 측면은 도시빈민이라는 상대적 과잉인구의 창출 메커니즘이 사회나 도시의 풍요에도 불구하고 감소하지 않는 현상에서 지적될 수 있다. 이렇게 자본주의사회 자체가 도시빈민을 창출했다는 입장에서 볼 때 도시빈민운동은 노동운동과 비슷한 맥락에서 자본주의의 모순을 해결하려는 차원에서 이루어질 수 있다. 이 경우 도시빈곤의 문제는 바로 노동자들의 문제이고 노동자의 열악한 상태가 바로 도시빈곤층을 재창출시키는 메커니즘의 중요한 측면이 된다고 주장하고 있다.[62]

---

62) 상게서, pp.352-369.

제3장 사례지역에 대한 실증분석

본 장에서는 사례지역에 대한 실증자료가 분석된다. 실증자료 분석은 크게 4가지로 구분된다. 첫째, 사례지역의 일반적 현황을 조사한다. 둘째, 사례지역이 어떻게 형성되고 그 원인이 무엇인가를 알아본다. 셋째, 한계성 이론의 주장이 사례지역에서는 어떠한 결과로 나타나는가를 조사한다. 넷째, 이러한 불량주거지역의 특성에 대한 실증분석들은 제4장의 분석결과와 정책적 시사점을 위한 기초적인 자료로 활용된다.

제1절 사례지역의 현황 및 분석내용

1. 사례지역의 현황

본 연구의 조사대상지역인 서울시 금호동, 수원시 세류동, 평택시 서부동의 현황은 다음과 같이 요약될 수 있다. 서울시 성동구 금호동 1, 2, 3, 4가동으로 구성되어 있으며 1가동은 5,566가구에 22,731명이 2가동은 3,772가구에 14,706, 3가동은 5,420가구에 21,334명, 4가동은 4,778가구에 18,570명이 거주하고 있다.

이들 지역은 소매봉산 서남동에 위치하고 있으며 성동구의 어느 동보다 지형의 기복이 심하고 경사가 높은 고지대로 되어 있다. 도로가 협소하고 경사진 암반지대와 일부 녹지대로 되어 있으며 주택다수가 무허가로 밀집되어 있다.

주민의 대다수는 영세상인, 가내공업 및 일일노동수입으로 생계를 유지하고 있다.[1] 본 연구는 불량의 정도가 심하며 밀집도가 높은 금호 1가동을 주 대상으로 하고 있다. 수원시 권선구 세류동은 1, 2, 3동으로 구성되어 있으며, 세류1동은 112가구에 16,427명, 8,088가구에 30,475명, 6,601가구에 25,577명이 거주하고 있다.[2] 세류동은 수원역 철도변을 따라 형성되어 있는 지역으로 과거에는 피난민촌이었고, 비주거용건물 내 주택이 많으며, 주민들의 대다수가 영세상인, 가내공업 및 일일노동수입으로 생계를 유지하고 있는 수원시의 대표적인 불량주거지역으로 본 연구에서는 수원시 세류동 중에서 저소득층이 밀집되어 있는 세류1동을 중심으로 조사하고 있다.

평택시 서부동은 면적이 6.29㎢이며 가구는 2,799이며 인구는 10,956명으로 농촌인구 2,336명, 도시인구 8,620명으로 구성되어 있다. 일제시대부터 1950년까지 평택의 중심지였으나 현재는 서부동 주변지역이 절대농지로 묶이는 바람에 미개발로 낙후된 지역이다. 한편 남서쪽으로는 평택군과 경계를 이루며 남으로는 평택시의 상수원 안성천이 흐르고 있으며 낮은 평야지대이므로 홍수 때마다 상습침해가 많은 평택역 철도변을 따라 형성된 불량주택이 밀집되어 있는 평택의 대표적인 불량주거지역이다.[3] 또한

---

1) 서울특별시, 「서울통계연보」, 1990.
2) 경기도, 「경기통계연보」, 1990.
3) 피어선신학교 부설 사회복지연구소, 「지방자치제와 지역복지모델에

평택시의 다른 동에 비하여 주택보급률이 가장 낮은 지역으로 주
거환경개선사업지역으로 지정되어 있고 저소득주민들이 집단적으
로 거주하고 있다.4) 본 연구에서는 서부동 중에서도 가장 못사는
지역인 21통을 주 대상으로 조사하였다.

<표 3-1> 사례지역의 인구실태

(단위: 명, 가구수)

구분 동명	인구수		가구수		증 감		생활보호대상자	
	1980	1990	1980	1990	인구수	가구수	인구수	가구수
금호 1동	23,330	22,731	4,977	5,566	-599	589	362	168
금호 2동	14,580	14,706	3,139	3,772	126	633	117	60
금호 3동	26,450	21,344	5,432	5,420	-5,106	-12	191	90
금호 4동	20,658	18,570	4,262	4,778	-2,088	516	210	95
합 계	85,018	77,351	17,810	19,536	-7,667	1,726	880	413

자료: 서울특별시, 『서울통계연보』, 1980, 1990.

(단위: 명, 가구수)

구분 동명	인구수		가구수		증 감		생활보호대상자	
	1980	1990	1980	1990	인구수	가구수	인구수	가구수
세류 1동	13,012	16,427	2,781	4,112	3,415	1,331	128	55
세류 2동	21,410	35,535	4,336	10,522	14,125	6,186	157	70
세류 3동		28,071		7,904			264	91
합 계	34,422	80,033	7,117	22,538	45,611	15,411	549	216

자료: 경기도, 『경기통계연보』, 1980, 1990.

(단위: 명, 가구수)

구분 동명	인구수		가구수		증 감		생활보호대상자	
	1987	1990	1987	1990	인구수	가구수	인구수	가구수
서부동	8,823	10,956	2,754	2,799	2,133	45	140	78

자료: 경기도, 『경기통계연보』, 1987, 1990.

관한 연구』, 1989. p.21.
4) 평택시, 『도시행정통계자료』, 1989, p.35.

2. 분석방법 및 내용

본 연구에서 다루고 있는 분석방법 및 내용은 다음과 같이 구성된다.

(1) 조사대상지역은 서울시 금호동, 수원시 세류동, 평택시 서부동으로 구성되었다.

(2) 조사대상자는 생활보호법에 의하여 지정된 거택보호대상자 및 일반저소득자가 포함된다.

(3) 조사대상자수는 서울시 금호동에서 102가구, 수원시 세류동에서 104가구, 평택시 서부동에서 156가구 등으로 구성된다.

(4) 조사는 1991년 7월 10일에서 동년 8월 20일까지 한 달 10일간 이루어졌다.

(5) 조사방법은 우선 동사무소에서 생활보호대상자의 명단을 입수하고 이곳에서 유의표출방법을 이용하여 표본을 선정하였다. 그러나 이때 표본의 대표성을 높이기 위하여 단순무작위방법도 병행하였다.

(6) 표본수의 결정은 다음과 같은 방법으로 이루어졌다.

$$n = \frac{1}{SEP^2}$$

여기서 n: 표본의 크기
　　SEP: 표본의 오차

$$SEP = \pm 2 \, \frac{p(1-P)}{n}$$

여기서 z=2(95% 신뢰수준) → 실제로 1.96인데 계산상의 편의를 위해서 2로 사용함.

z: 표준편차단위

p: 표본의 비율

표본의 오차: ±4% → 95% 신뢰수준의 경우 표본 오차를 ±4%
　　　　　로 하는 것이 일반적인 수준이다.

신뢰수준: 95%

$P = 0.5$

따라서 $n = \dfrac{1}{(0.04)^2} \fallingdotseq 625$

상기와 같은 표본의 크기는 모집단, 전체의 크기 12,477가구의 약 5.0%에 해당하는 숫자이다. 그러나 표본 속에는 통계적 가치가 없는 것이 상당수 포함되어 있었기 때문에 실제의 분석에서는 이들을 제외시켰다. 따라서 최종적인 표본의 수는 362가구였다.[5]

(7) 조사내용

첫째, 일반적인 내용으로 가구주의 성과 연령, 학력, 직업, 월평
　　　균소득, 가구원수, 저축과 부채 등을 조사하였다.

둘째, 사례지역의 주거환경을 파악하기 위하여 주택의 소유형
　　　태, 주택 및 대지의 허가 유·무, 가구당 사용방수와 사
　　　용건평, 동거가구수, 가구의 급수 및 화장실 상태 등을
　　　조사하였다.

셋째, 현재의 사례지역이 어떻게 형성되었고 그 요인이 무엇인
　　　가를 알아보기 위하여 전입 당시 가구주 연령, 줄신지역,
　　　이전의 주요 요인, 현 주거지에서의 거주연수, 현 주거지
　　　로의 이주동기, 이주 전후의 생활에 대한 자체평가 등을

---

5) 이원욱, 「조사방법론」, 서울: 문현사, 1992, pp.159-162.

조사하였다.

넷째, 본 연구의 핵심부분으로서 한계성 이론에 입각한 사회, 문화 및 경제적 측면 등을 조사하였다. 사회적 측면에서 내부적 와해와 외부적 고립현상과 관련하여 주민들의 이웃과의 접촉활동, 주민조직 활동에의 참여형태 그리고 현 주거지에 대한 열등의식, 외부정보원과의 접근상황, 도시 「서비스」 시설 이용행태 등을 조사하였다. 문화적 측면에서는 산업사회적응에 장애요인으로 인식되는 전통적 가치관 그리고 빈곤문화 형성과 관련한 가족관, 미래생활에 대한 태도, 가족생활의 안정성, 사회적 규범성 및 주민의 성격적 특성을 고찰하였다. 경제적 측면에서는 도시경제에의 부담과 손실 그리고 개인들의 경제적 이동성에 관련된 주민들의 취업활동, 소비 「패턴」 그리고 개인들의 직업적 이동성을 조사하였다.

제2절 사례지역의 생활실태

사례지역 가구의 생활실태는 가구주의 성과 연령, 학력, 직업, 월평균소득, 가구인수, 저축과 부채 그리고 주거환경 등의 변수로 나타낼 수 있다.

1. 가구주의 성과 연령

사례지역 가구주의 성은 <표 3-2>에서 보는 바와 같이 전체적
으로 남자 73.5%, 여자 26.5%가 조사되었다. 한편 남자 가구주의
비율은 서울이 가장 높고 지방으로 갈수록 여자 가구주의 비율이
높아지는 경향이 있다. 사례지역의 여성 가구주는 평균 26.5%를 차
지하고 있는데 이는 1981년의 사회통계조사에서 나타난 도시빈곤
가구 중 여성 가구주의 비율 31.3%와 비교하여 다소 낮으며 별 차
이가 없는 것으로 해석된다.[6] 특히 여자 가구주가 현실에 참여하기
힘든 사회구조에서는 소득을 향상시키려는 기회가 제한된다. 이러
한 기회의 제한은 빈곤계층이 더욱더 빈곤해질 수밖에 없으며 그
래서 이들은 불량주거지역에 거주할 수밖에 없는 것으로 풀이된다.

〈표 3-2〉 가구주 성별

(단위: 명, %)

지역 성별		남 자	여 자	합 계
서울	금호동	78(76.5)	24(23.5)	102(28.2)
수원	세류동	75(72.1)	29(27.9)	104(28.7)
평택	서부동	112(72.0)	72(28.0)	156(43.1)
합 계		265(73.5)	125(26.5)	362(100.0)

---

6) 경제기획원 조사통계국, 「사회통계조사」, 1981.

<표 3-3> 가구주의 연령분포

(단위: 명, %)

연령구분 지역		29세 미만	30-39	40-49	50-59	60세 이상	합 계
서울	금호동	5(4.9)	14(13.7)	38(37.3)	21(20.6)	24(23.5)	102(28.2)
수원	세류동	3(2.9)	20(19.2)	21(20.2)	33(31.7)	27(26.0)	104(28.7)
평택	서부동	11(7.0)	25(16.0)	47(30.1)	30(19.0)	43(27.6)	156(43.1)
합 계		19(5.2)	59(16.3)	106(29.3)	84(23.2)	94(26.0)	362(100.0)

가구주의 연령을 살펴보면 <표 3-3>에서 보는 바와 같이 40~49세까지가 29.3%로 가장 높고 29세 미만이 5.2%로 가장 낮게 조사되었다. 특히 50세 이상이 49.2%로 절반 이상을 차지하고 있다. 이 것은 불량주거지역 가구주의 평균연령이 일반소득층과 비교하여 높다는 지금까지의 사회조사와 거의 일치하고 있다.[7] 이것은 불량주거지역 가구주의 평균연령이 높은 것이 빈곤의 주요 요인이 될 수 있다는 것을 나타내는 것이다.

2. 가구주 학력

가구주 학력은 <표 3-4>에서 보는 바와 같이 평균적으로 중졸이 29.8%로 가장 높고 대졸 이상이 2.6%로 가장 낮다. 특히 중졸 이하가 전체의 70% 이상을 차지하고 있다. 따라서 불량주거지역의 가구주 학력은 대체적으로 낮은 것으로 조사되었다. 이것은 불량주거지

---

7) 한국개발원, 「빈곤의 실태와 영세민대책」, 1981, pp.114-115.

역 가구주의 학력이 일반가구주와 비교하여 낮다는 지금까지의 사회조사결과와 거의 일치하고 있다. 가구주의 학력이 낮은 것은 소득활동에 참여할 수 있는 기회를 어렵게 만들기 때문에 이것은 이들이 불량주거지역에 거주하게 되는 주요한 요인이 된다고 할 수 있다.

<표 3-4> 가구주 학력

(단위: 명, %)

지역 \ 학력		무학	국졸	중졸	고졸	대졸 이상	합 계
서울	금호동	17(16.7)	23(22.5)	31(30.4)	27(26.5)	4(3.9)	102(28.2)
수원	세류동	27(26.0)	22(21.2)	29(27.9)	23(22.1)	3(2.8)	104(28.7)
평택	서부동	34(21.8)	34(21.8)	48(30.8)	38(24.4)	2(1.2)	156(43.1)
합 계		78(21.5)	79(21.8)	108(29.8)	88(24.3)	9(2.6)	362(100.0)

3. 가구주의 직업과 월평균소득

<표 3-5>는 사례지역 가구주의 직업을 나타낸 것이다. 이 표에 따르면 평균적으로 무직의 비율이 32.3%로 가장 높고 다음이 건설노동자가 30.9%, 행상, 노점상 또는 영세자영업자가 18.0% 등으로 나타났다. 특히 소도시인 평택시의 경우는 서울시, 수원시와 비교하여 무직의 비율이 매우 높았고, 대도시인 서울시의 경우는 행상 또는 노점의 비율이 가장 높은 것으로 조사되었다. 전체적으로 불량주거지역 가구주의 직업은 건설노동자와 행상, 노점상, 영세자영업자 등의 비공식 부문에 종사하고 있는 것으로 조사되었다.

〈표 3-5〉 가구주 직업

(단위: 명, %)

지역 \ 직업		건설 노동자	행상, 노점상 영세 자영업	서비 스업	사무직	공장 직원	무직	기타	합계
서울	금호동	22 (21.6)	30 (29.4)	10 (9.8)	9 (8.8)	5 (4.9)	21 (20.6)	5 (4.9)	102 (28.2)
수원	세류동	34 (32.7)	20 (19.2)	6 (5.8)	7 (6.7)	3 (2.9)	33 (31.8)	1 (0.9)	104 (28.7)
평택	서부동	56 (35.9)	15 (9.6)	7 (4.5)	12 (7.7)	0 (0.0)	63 (40.4)	3 (1.9)	156 (43.1)
합 계		112 (30.9)	65 (18.0)	23 (6.4)	28 (7.7)	8 (2.2)	117 (32.3)	9 (2.5)	362 (100.0)

직업은 오늘날 사회에서 개인의 사회적, 경제적 지위를 결정짓는 중요한 요인이 된다. KDI가 1981년에 실시한 조사에서는 서울시의 경우 빈곤가구주의 32%가 무직이었다. 이들 조사를 비교해 볼 때 본 조사에서 밝혀진 무직의 비율은 위의 경우와 거의 일치하고 있다. 그러나 상대적으로 대도시인 서울시 금호동, 수원시의 세류동의 불량주거지역 거주가구주 무직에 대한 비율보다는 지방 소도시인 평택시 서부동의 무직의 비율이 상당히 높은 것으로 되어 있다. 이것은 앞으로의 복지정책에 대한 방향설정에 주요한 자료가 될 것이다.[8]

<표 3-6>은 가구주의 수입에 관한 것이다. 이 표에 따르면 20만원 미만이 31.1%로 가장 높고, 50~60만원이 5.8%로 가장 낮으

---

8) 상게서, p.116.

며, 30만원 미만이 과반수 정도를 차지하고 있다. 이것은 1981년
KDI가 조사한 서울시 빈곤가구의 월평균소득 약 15만 3천원과
비교하여 다소 오르기는 했지만 10년 동안의 임금상승률을 고려
하면 여전히 낮은 것으로 생각된다. 이것을 앞에서 나타난 조사
결과와 연계시켜 본다면 직업 중에서 무직이 가장 높고 그리고
직업이 있는 경우라 하더라도 그것은 막노동이나 지속성이 없는
노점상, 행상 또는 영세자영업자가 대부분이기 때문에 여기서 얻
은 수입도 낮을 수밖에 없는 것이다.

<표 3-6> 가구주 월평균 소득

(단위: 명, %)

지역 \ 소득		20만 원 미만	20-30 만 원	30-40 만 원	40-50 만 원	50-60 만 원	60만 원 이상	무응답	합　계
서울	금호동	23 (22.6)	18 (17.6)	19 (18.6)	7 (6.9)	2 (2.0)	15 (14.7)	18 (17.6)	102 (28.2)
수원	세류동	31 (29.8)	23 (22.1)	18 (17.3)	14 (13.5)	8 (7.7)	4 (3.8)	6 (5.8)	104 (28.7)
평택	서부동	64 (41.0)	23 (14.7)	16 (10.3)	15 (9.7)	12 (7.7)	13 (8.3)	13 (8.3)	156 (43.1)
합　계		118 (31.1)	64 (18.1)	53 (15.4)	36 (10.1)	22 (5.8)	32 (8.9)	37 (10.6)	362 (100.0)

4. 가구원수

사례지역 빈곤가구의 가구원수는 <표 3-7>에서 보듯이 전체적
으로는 5인 가족이 26.3%로 가장 높고 9인 이상 가족이 0.9%로

가장 낮게 조사되었다. 또한 평균가구원수는 서울 금호동이 4.4인, 수원 세류동이 4.5인, 평택 서부동이 4.6인으로 서울시보다 지방소도시의 경우가 다소 평균 가구원수가 많은 것으로 조사되었고 전체 평균가구원은 4.5인이었다.

이것은 통계청이 1990년에 조사한 인구주택조사의 수치와 비슷하다. 통계청의 조사에 따르면 가구당 가족수가 3명 이하인 경우는 43%, 4명 이하의 경우는 29%였다. 이들 수치를 서로 비교하여 볼 때 조사대상지역 가구당 가구원수는 상당히 많은 것을 알 수 있다.[9] 일반가구와 비교하여 가구당 가구원수가 많은 것은 불량주거지역 거주자들의 생활환경이 좋지 못하다는 것을 나타내는 것이다.

<표 3-7> 가구원수

(단위: 명, %)

지역		1인	2인	3인	4인	5인	6인	7인	8인	9인 이상	합 계
서울	금호동	3 (2.9)	6 (5.9)	16 (15.7)	25 (24.5)	27 (26.5)	21 (20.6)	3 (2.9)	1 (0.1)	0 (0.0)	102 (28.2)
수원	세류동	5 (4.8)	4 (3.8)	18 (17.3)	19 (18.3)	32 (30.8)	23 (22.1)	1 (1.0)	2 (1.9)	0 (0.0)	104 (28.7)
평택	서부동	4 (2.6)	8 (5.1)	30 (19.2)	40 (25.6)	32 (20.5)	20 (12.8)	9 (5.8)	9 (5.8)	4 (2.6)	156 (43.1)
합 계		12 (3.4)	18 (4.9)	64 (17.4)	84 (22.8)	91 (26.3)	64 (18.5)	13 (3.2)	12 (2.6)	4 (0.9)	362 (100.0)

---

9) 조선일보, 1991, 8. 7(수) 1면, 7면.

5. 저축과 부채

불량주거지역 가구주는 수입의 절대액이 낮으므로 저축이 없다고 해도 과언이 아니다. <표 3-8>에서 보듯이 저축이 없는 경우는 서울 금호동이 65.7%, 수원 세류동이 72.1%, 평택 서부동이 60.8%로서 전체적으로 66.2%가 저축이 없는 것으로 나타났다. 그리고 저축이 있다 해도 그것은 매우 적은 금액인 것으로 조사되었다.

〈표 3-8〉 저축

(단위: 명, %)

지역 \ 저축		0	-10만원	-20만원	-30만원	-40만원	40만원 이상	합 계
서울	금호동	67(65.7)	18(17.6)	11(10.8)	1(1.0)	2(2.0)	3(2.9)	102(28.2)
수원	세류동	75(72.1)	11(10.6)	10(9.6)	0(0.0)	2(1.9)	6(5.8)	104(28.7)
평택	서부동	95(60.8)	20(12.8)	26(16.7)	5(3.2)	4(2.6)	6(3.9)	156(43.1)
합 계		237(66.2)	49(13.6)	47(12.4)	6(1.4)	8(2.2)	12(4.2)	362(100.0)

이들 불량주거가구는 저축을 할 여유가 없는 데에 그치지 않고 부채도 상당히 갖고 있는 것으로 조사되었다. <표 3-9>에 의하면 부채가 있는 경우 서울 금호동은 43.1%, 수원 세류동은 58.7%, 평택 서부동은 55.8%이며, 그리고 조사대상지역 전체 평균은 52.5%인 것으로 티나났다. 이것은 상당히 높은 수가 부채를 지고 있다는 것을 나타내는 것이다.

부채를 지게 된 원인을 살펴보면 <표 3-10>에서 나타나 있듯이 가구주의 무직과 불규칙한 노동(35.7%) 그리고 가족의 질병

(17.7%), 자녀교육(17.5%), 주택관계(5.9%) 등이 그 주요 요인인 것으로 나타났다. 따라서 불량주거지역가구의 경우 대부분 수입의 절대액이 부족하므로 저축이 없고 또한 상당히 많은 수가 부채를 지고 있으며 부채의 원인은 가구주의 무직과 불규칙한 노동 등 직업의 불안정성 때문에 그 원인이 되고 있는 것으로 조사되었다.

<표 3-9> 부채의 유무

(단위: 명, %)

지역 \ 부채		있다	없다	합 계
서울	금호동	44(43.1)	58(56.9)	102(28.2)
수원	세류동	61(58.7)	43(41.3)	104(28.7)
평택	서부동	87(55.8)	69(44.2)	156(43.1)
합 계		192(52.5)	170(47.5)	362(100.0)

<표 3-10> 부채의 원인

(단위: 명, %)

지역 \ 원인		질병	자녀교육	주택관계	사업자금	무직과 불규칙한 노동	기타 (사업실패)	합 계
서울	금호동	5(11.4)	12(27.3)	4(9.1)	3(6.8)	18(40.9)	2(4.5)	44(25.3)
수원	세류동	13(21.3)	11(18.0)	4(6.6)	7(11.5)	21(34.4)	5(8.2)	61(35.1)
평택	서부동	14(20.3)	5(7.3)	22(31.9)	5(7.3)	22(31.9)	1(1.3)	69(39.6)
합 계		32(17.7)	28(17.5)	30(15.9)	15(8.5)	61(35.7)	8(4.7)	174(100.0)

6. 주거환경

1) 주택의 소유형태

<표 3-11>은 주택소유형태를 나타내고 있다. 이 표에 따르면 평균적으로 월세의 비율이 33.4%로 가장 높고 전세의 비율이 27.3%로 가장 낮게 조사되었다. 특히 전세와 월세의 비율이 60.7%로 상당한 부분을 차지하고 있다. 그런데 서울시와 수원시는 비교적 자가의 비율이 높았으나 평택시는 월세의 비율이 높았다.

이것은 불량주거지역의 주거대책에 대한 많은 시사점을 제시하고 있다.

〈표 3-11〉 주택소유형태

(단위: 명, %)

지역	소유형태	자 가	전 세	월 세	기 타	합 계
서울	금호동	36(35.3)	32(31.4)	27(26.5)	7(6.8)	102(28.2)
수원	세류동	37(35.6)	31(29.8)	30(28.8)	6(5.8)	104(28.7)
평택	서부동	44(28.2)	36(23.1)	64(41.0)	12(7.7)	156(43.1)
합 계		117(32.3)	99(27.3)	121(33.4)	25(7.0)	362(100.0)

2) 주택 및 대지의 허가 유무

조사대상지역 주택 및 대지의 허가 유·무는 <표 3-12>에서 보여주고 있다. 이 표에 따르면 주택 및 대지의 허가 유·무에 있어서 전체적으로 허가의 비율이 66.6%로 무허가의 비율 33.4%를 훨씬 상회하고 있다. 더욱이 대도시에 비해 소도시일수록 허

가의 비율이 높은 것으로 되어있다. 이것은 지방소도시가 주거의
법적 안정성이 높다는 것을 나타내는 것이다. 따라서 주택의 소
유형태와 허가 유·무를 통하여 알 수 있는 것은 조사대상지역
가구주의 소득수준이 낮고 상대적으로 주택가격이 비싸기 때문에
이들이 주택을 마련하기가 매우 어렵게 되어 있다는 것이다. 또
한 조사대상지역 주택 및 대지의 허가는 전체 평균이 66.6%로
이것은 1980년 서울대학교환경대학원에서 조사한 수치인 50%를
훨씬 상회하는 것으로 되어 있다.[10]

<표 3-12> 주택 및 대지의 허가 유·무

(단위: 명, %)

지역	허가 유·무	허 가	무허가	합 계
서울	금호동	58(56.9)	44(43.1)	102(28.2)
수원	세류동	65(62.5)	39(37.5)	104(28.7)
평택	서부동	118(75.6)	38(24.4)	156(43.1)
합 계		241(66.6)	121(33.4)	362(100.0)

3) 가구당 사용방수와 사용건평

조사대상지역 빈곤가구가 사용하는 가구당 사용방수는 <표
3-13>에서 보여주고 있다. 이 표에 따르면 1개의 방을 사용하고 있
는 경우가 전체 평균의 경우는 50.8%, 2개의 경우는 34.7%, 3개 이
상의 경우는 14.5%로 이것은 전국도시평균 42.1%, 31.5%, 26.4%와

---

10) 서울대학교 환경대학원, 전게서, pp.105-106.

비교해 비슷하거나 다소 낮은 수준임을 알 수 있다. 특히 조사대상지역 가구의 경우 2개 이하의 방을 사용하고 있는 비율이 85.5%로 전국도시평균 73.6%보다 상당히 높은 것으로 조사되었다. 가구당 사용방수는 전체 평균이 1.63개로 도시 가구당 사용방수 2.1개에 비해 낮게 되어 있으며 1방당 인구수는 조사대상지역이 평균 2.4인[11]인데 비해 도시는 1.9인으로 조사대상지역이 다소 높은 것으로 나타났다.[12]

〈표 3-13〉 가구당 사용방수

(단위: %)

구분 사용방수	전국도시 평균(*)	서울 금호동	수원 세류동	평택 서부동	조사지역평균
1개	42.1	47.8	50.7	53.8	50.8
2개	31.5	37.4	38.6	28.2	34.7
3개 이상	26.4	14.8	10.7	18.0	14.5

자료: 경제기획원, 「인구 및 주택센서스보고」, 제1권 전국 편, 1985.

---

11) 1방당 인구수＝평균가족수(3.88인)÷평균사용방수(1.63개)
12) 시부가구당 사용방수 및 1방당인구수는 1985년도 조사치임.
　　경제기획원, 「한국의 사회지표」, 1990.

<표 3-14> 사용건평

(단위: 명, %)

지역 \ 사용건평		10평 미만	10-15평 미만	16-20평 미만	20평 이상	합 계
서울	금호동	53(51.9)	28(27.5)	15(14.7)	6(5.9)	102(28.2)
수원	세류동	58(55.8)	28(26.9)	11(10.6)	7(6.7)	104(28.7)
평택	서부동	76(48.7)	30(19.3)	18(11.5)	32(20.5)	156(43.1)
합 계		187(51.7)	86(23.8)	44(12.2)	45(12.3)	362(100.0)

<표 3-14>은 사용방수에 따른 건평을 나타내고 있다. 이 표에 따르면 10평 미만에서 거주하는 가구수가 전체 평균 51.7%로 가장 높고, 16-20평 이상에서 거주하는 가구수는 12.2%로 가장 낮게 조사되었다. 특히 대도시일수록 사용건평이 낮은 것으로 보아 이것은 소도시에 비해 대도시는 좁은 공간에서 생활하고 있는 것을 알 수 있다.

4) 동거가구수

<표 3-15>는 1주택 내에 같이 거주하는 가구수를 나타내고 있다. 이 표에 따르면 1주택 내의 평균동거가구수 3가구인 경우가 26.5%로 가장 높고 5가구가 9.7%로 가장 낮다. 특히 6가구 이상이 거주하고 있는 경우도 11.0%를 차지하고 있는 것은 유의할 점이라 할 수 있다. 가구당 사용방수, 1방당 인구수, 사용건평, 동거가구수를 통하여 알 수 있는 것은 조사대상지역의 주거밀도는 지나치게 높으며 인간적인 생활을 할 수 있는 거주공간의 확보가 필요하다는 것이다.

〈표 3-15〉 동거가구수

(단위: 명, %)

지역	동거가구수	1가구	2가구	3가구	4가구	5가구	6가구	합　계
서울	금호동	18 (17.6)	28 (27.5)	29 (28.5)	18 (17.6)	5 (4.9)	4 (3.9)	102 (28.2)
수원	세류동	12 (11.5)	15 (14.4)	23 (22.2)	21 (20.2)	18 (17.3)	15 (14.4)2	104 (28.7)
평택	서부동	22 (14.1)	26 (16.7)	49 (31.4)	26 (16.7)	12 (7.6)	1 (13.5)	156 (43.1)
합　계		57 (15.8)	76 (21.0)	96 (26.5)	58 (16.0)	35 (9.7)	40 (11.0)	362 (100.0)

5) 가구의 급수 및 화장실 상태

조사대상지역 가구의 급수상태는 <표 3-16>에서 보여주고 있다. 이 표에 따르면 전체적으로 옥내수도가 74.9%로 대부분을 차지하고 있다. 그러나 소도시인 평택시의 경우 옥외수도의 비율이 서울시와 수원시에 비해 높은 것으로 나타났다. 이것은 대도시일수록 옥내수도시설이 잘되어 있고 소도시일수록 옥내수도시설이 잘 안되어 있다는 것을 나타내는 것이다.

<표 3-16> 가구의 급수상태

(단위: 명, %)

지역 \ 급수상태		옥내수도	옥외수도	기 타	합 계
서울	금호동	78(76.5)	24(23.5)	0(0.0)	102(28.2)
수원	세류동	86(82.7)	18(17.3)	0(0.0)	104(28.7)
평택	서부동	107(68.6)	48(30.8)	1(0.6)	156(43.1)
합 계		271(74.9)	90(24.9)	1(0.2)	362(100.0)

<표 3-17> 가구의 화장실 상태

(단위: 명, %)

지역 \ 화장실상태		자가 옥내	자가 옥외	공 동	합 계
서울	금호동	27(26.5)	56(54.9)	19(18.6)	102(28.2)
수원	세류동	26(25.0)	61(58.7)	17(16.3)	104(28.7)
평택	서부동	31(19.9)	75(48.1)	50(32.0)	156(43.1)
합 계		84(23.2)	192(53.0)	86(23.8)	362(100.0)

화장실 상태는 <표 3-17>에서 보여주고 있는 바와 같이 자가·옥외가 53.0%로 가장 높고 다음은 공동, 자가·옥내가 23.8%, 23.2%로 비슷하게 조사되었다. 이것은 조사대상지역 가구의 급수상태는 상당히 양호하나 화장실 상태는 몹시 열악한 수준임을 보여주는 것이다.

이상과 같이 사례주거지역의 생활실태를 분석해 본 결과 그것은 다음과 같은 몇 가지 사항으로 나타났다.

첫째, 사례지역 여성 가구주의 비율과 가구주의 평균연령이 일반가구주와 비교하여 비교적 높은 것으로 나타났다. 둘째, 사례지역 가구주의 학력이 일반소가구주와 비교하여 낮게 나타났다. 셋째, 사례지역 가구주의 직업은 무직, 건설노동자, 행상 또는 노점상 등이 대부분이고 여기서 얻는 수입도 낮은 것으로 조사되었다. 넷째, 사례지역 가구의 가구원수는 일반가구와 비교하여 가구원수가 많은 것으로 조사되었다. 다섯째, 사례지역 가구의 경우 저축은 거의 없고 부채는 상당히 높은 것으로 조사되었다. 여섯째, 사례지역 가구의 주거환경은 몹시 열악한 수준으로 자가보다는 전세, 월세의 비율이 압도적으로 높고 법적 안정성이 낮은 가운데 좁은 공간에서 많은 사람들이 거주하고 있어 거주밀도가 지나치게 높은 것으로 조사되었다.

제3절 사례지역의 형성과 그 요인

불량주거지역의 형성요인은 매우 다양하다. 그러나 이 연구에서는 주거이동의 성격을 중심으로 고찰해 보고자 한다. 주거이동의 성격은 대개 거주가구의 가구주 연령, 출신지, 이동사유, 주거연수, 출신지, 이동사유, 주거연수, 이주동기, 이주 전후의 생활에 대한 자체평가 등의 변수로 설명될 수 있다.

1. 전입 당시 가구주의 연령

현재의 불량주거지역으로 이주해 온 전입 당시 가구주의 연령은 〈표 3-18〉에서 보는 바와 같이 전체 평균의 경우 20대가 30.7%로 가장 높고, 50대 이상이 6.8%로 가장 낮으며 전체적으로 20대와 30대가 59.8%를 차지하고 있다. 이것은 불량주거지역의 경우 경제활동력이 가장 왕성한 시기에 새로운 삶의 터전을 마련하기 위하여 이곳으로 이주하고 있는 것이라고 볼 수 있다.

〈표 3-18〉 이동 당시 가구주 연령

(단위: %)

지역	연령	20세 미만	20대	30대	40대	50대 이상
서울	금호동	18.2	28.9	35.7	15.1	2.1
수원	세류동	16.3	37.5	23.6	18.3	4.3
평택	서부동	11.5	25.6	27.6	21.2	14.1
합 계		15.3	30.7	29.1	18.2	6.8

2. 출신지역

조사대상지역 가구주의 출신지는 <표 3-19>에서 보여주는 바와 같이 서울 금호동의 경우는 호남출신이 33.3%로 가장 많고, 그 다음은 충청도가 28.4%로 되어있다. 수원 세류동의 경우는 호남과 경기도 출신이 똑같이 29.8%로 가장 많고, 그 다음은 충청도 23.1%이다. 평택 서부동의 경우는 경기도 출신이 48.7%로 압도적으로 많고 충청도 19.9%, 호남 14.1% 등의 순으로 되어 있다.

전체적으로 본다면 서울 금호동, 수원 세류동의 경우는 그 절대수가 상대비율에 있어서 호남지방출신이 가장 많고, 지방소도시인 평택시의 경우에 있어서는 경기도 출신과 충청도 출신이 높은 비율을 차지하고 있다. 따라서 평택의 불량주거지역은 경기도나 충청도 등의 농촌지역에서 유입해 들어온 사람들로 이루어져 있다고 볼 수 있다.

<표 3-19> 가구주의 출생지

(단위: 명, %)

출생지	금호동	세류동	서부동
서 울	11(10.8)	3(2.9)	5(3.2)
부 산	1(1.0)	0(0.0)	0(0.0)
인 천	3(2.9)	5(4.8)	0(0.0)
경 기	9(8.8)	31(29.8)	76(48.7)
강 원	2(2.0)	5(4.8)	5(3.2)
충 청	29(28.4)	24(23.1)	31(19.9)
전 라	34(33.3)	31(29.8)	22(14.1)
경 상	12(11.8)	5(4.8)	14(9.0)
제 주	0(0.0)	0(0.0)	0(0.0)
기 타	1(1.0)	0(0.0)	3(1.9)
합 계	102(100.0)	104(100.0)	156(100.0)

3. 이전의 주요 요인

<표 3-20>에서 보는 바와 같이 조사대상지역 가구주가 그들의 정든 고향을 떠나게 된 요인들을 살펴보면 취업이나 직장이동, 생활이 어려워서 등 경제적 이유가 평균 52.5%를 차지하고 있고 가족이나 친척이 있어서가 23.8%, 자녀교육은 7.2%로 나타나 있다. 이것은 경제적 이유가 가장 큰 비중을 차지하고 있는 반면 교육 때문에 이주하는 경우는 그 비중이 낮다는 것을 나타내는 것이다. 이는 가구주의 대부분이 돈을 벌기 위하여 정든 고향을 떠나 현재의 불량주거지역에 거주하고 있는 것으로 풀이된다.

〈표 3-20〉 이주동기

(단위: 명, %)

지역	이주동기	경제적 이유	자녀 교육	가족이나 친척	무응답	합 계
서울	금호동	53(54.9)	8(7.8)	23(22.6)	15(14.7)	102(28.2)
수원	세류동	47(45.2)	7(6.7)	29(27.9)	21(20.2)	104(28.7)
평택	서부동	87(55.8)	11(7.1)	34(21.8)	24(15.3)	156(43.1)
합 계		190(52.5)	26(7.2)	86(23.8)	60(16.5)	362(100.0)

4. 현 주거지에서의 주거연수

<표 3-21>은 현 주거지에서의 주거연수를 나타내고 있다. 이 표에 따르면 조사대상지역에 10년 이상 거주한 경우가 39.5%로 가장 많고, 1~5년의 경우는 28.2%로 가장 적게 조사되었고 평균

주거연수는 약 8년으로 밝혀졌다.

이는 불량주거지역의 사회적 기능으로 볼 때 대체적으로 본 조사대상지역은 상승이동이 가능한 사람과 하강이동이 가능한 사람들의 정류소로서의 역할을 수행함과 동시에 영원한 피난지로서의 역할을 수행하고 있다는 것을 나타내는 것이다. 특히 평택시 서부동의 경우 10년 이상 거주자가 약 60% 정도를 차지하고 있는 것으로 보아 전이지대로서의 역할보다는 영원한 피난지로서의 역할을 수행하는 것이 더 강한 지역인 것으로 풀이한다.

〈표 3-21〉 현 주거지에서의 거주연수

(단위: 명, %)

지역	거주연수	1-5년	6-10년	10년 이상	합 계
서울	금호동	37(36.2)	43(42.2)	22(21.6)	102(28.2)
수원	세류동	28(26.9)	45(43.3)	31(29.8)	104(28.7)
평택	서부동	37(23.7)	29(18.6)	90(57.7)	156(43.1)
합 계		102(28.2)	117(32.3)	143(39.5)	362(100.0)

5. 현 주거지로의 이주동기

<표 3-22>은 현 주거지로 이주하게 된 동기를 나타내고 있다.

〈표 3-22〉 현 주거지로의 이주동기

(단위: 명, %)

이주동기 지역		주택	취업	직장 이동	사업 자녀 교육	실패	철거	기타	무응답	합　계
서울	금호동	48 (47.1)	11 (10.8)	7 (6.9)	2 (1.9)	7 (6.9)	13 (12.7)	11 (10.8)	3 (2.9)	102 (28.2)
수원	세류동	53 (51.0)	21 (20.1)	5 (4.8)	1 (1.0)	8 (7.7)	3 (2.9)	13 (12.5)	0 (0.0)	104 (28.7)
평택	서부동	71 (45.5)	35 (22.4)	8 (5.1)	0 (0.0)	22 (14.1)	0 (0.0)	16 (10.3)	4 (2.6)	156 (43.1)
합　계		172 (47.6)	67 (18.5)	20 (5.5)	3 (0.8)	37 (10.2)	16 (4.4)	40 (11.1)	7 (1.9)	362 (100.0)

　이 표에 따르면 조사대상지역의 이주동기는 주택관계가 47.6%로 가장 많고, 그 다음은 취업 18.5%, 기타 11.1%, 사업실패가 10.2%로 가장 낮다. 이것은 불량주거지역 가구주의 대부분이 좀 더 저렴한 가격으로 자기 집을 마련하거나 전세, 월세를 얻기 위해 현 주거지로 이주한 것으로 해석된다.

6. 이주 전후의 생활에 대한 자체평가

　<표 3-23>는 전입 전과 후의 생활비교를 나타내고 있다. 전체적으로 볼 때 불량주거지역 가구주들은 자기들의 생활이 현 주거지로 이주해오기 전의 생활과 현재의 생활을 비교해서 비슷했다는 의견이 54.2%로 거의 반수를 넘어서고 있어서 이것이 문제점으로 지적될 수 있다. 그 다음으로 더 못살았다는 의견이 26.8%,

더 잘 살았다는 의견이 17.1%를 차지하고 있다.

불량주거지역 가구주가 현 주거지로 이주해 온 후에 그들의 생활이 더 향상되었다고 보느냐 또는 더 못해졌다고 보느냐 하는 것은 비록 상대적으로 주관적이라 할지라도 그 사람의 행동은 이러한 주관적 판단의 기초 위에서 이루어진다는 점을 감안할 때 조사대상지역 가구주들의 자기생활의 변화에 대한 스스로의 평가는 그 나름대로 중요한 의미를 갖는다 할 수 있다.

〈표 3-23〉 전입 전과 후의 생활비교

(단위: 명 %)

지역	생활비교	더 잘 살았다	비슷했다	더 못살았다	무응답	합 계
서울	금호동	18(17.6)	57(55.9)	25(24.5)	2(2.0)	102(28.2)
수원	세류동	19(18.3)	62(59.6)	23(22.1)	0(0.0)	104(28.7)
평택	서부동	25(16.0)	77(49.4)	49(31.4)	5(3.2)	156(43.1)
합 계		62(17.1)	196(54.2)	97(26.8)	7(1.9)	362(100.0)

이와 같이 사례지역의 형성과 그 요인에 대한 실태를 분석한 결과 그것은 다음과 같은 몇 가지 사항으로 요약될 수 있다.

첫째, 사례지역의 경우 전입 당시 가구주 연령이 젊은 것으로 보아 경제활동력이 가장 왕성한 시기에 새로운 삶의 터전을 마련하기 위하여 이주하고 있는 뚜렷한 경향을 보여주고 있다.

둘째, 가구주의 출생지는 서울시 금호동의 경우 호남, 충청 출신이 압도적으로 많고, 수원 세류동은 호남과 경기도 출신이 비슷하였고, 평택시 서부동의 경우는 인근 경기도나 충청도 등의 농촌지역에서 유입해 들어와 형성된 불량주거지역이었다.

셋째, 사례지역 가구주가 정든 고향을 떠나게 된 요인은 경제적 이유가 가장 큰 비중을 차지하고 있는 것으로 보아 도시지역에 비해 농촌지역이 상대적으로 낙후되어 있다는 것을 알 수 있다. 이것은 도시지역의 흡인요인보다 농촌지역의 압출요인에 의해 돈을 벌기 위하여 정든 고향을 떠나 현재의 불량주거지역에 거주하고 있는 것으로 풀이된다.

넷째, 현 주거지에서의 주거연수를 통해 유추할 수 있는 것은 조사대상지역이 상승이동이 가능한 사람과 하강이동이 가능한 사람들의 정류소로서의 역할을 수행함과 동시에 영원한 피난지로서의 역할을 수행하고 있다. 특히 평택시 서부동의 경우 전이지대로서의 역할보다는 영원한 피난지로서의 역할을 수행하는 것이 더 강한 지역으로 풀이된다.

다섯째, 사례지역으로 이주동기는 좀 더 저렴한 가격으로 자기 집을 마련하거나 전세, 월세를 얻기 위하여 이주한 뚜렷한 특징을 보여주고 있다.

여섯째, 사례지역 가구주의 이주 전후의 생활에 대한 자체평가는 상대적으로 주관적이라 할지라도 부정적으로 대답한 경우가 많아 문제점으로 지적될 수 있다.

제4절 사례지역 주민의 한계적 특성

불량주거지역 주민의 한계적 특성은 크게 6가지로 나누어 설명될 수 있다. 그것은 내부적 와해현상, 외부적 고립, 전통적 가치관, 빈곤문화, 도시경제의 손실, 경제적 이동성 등을 포함한다.

1. 내부적 와해현상

내부적 와해현상은 이웃과의 접촉, 반상회 및 주민조직활동에서의 참여 등으로 설명될 수 있다.

1) 이웃과의 접촉

불량주거지역 주민의 내부적 결속이나 와해현상의 가장 기초적인 척도는 주민상호간의 교호작용이며 이것은 면담가구의 이웃과의 접촉활동을 통해서 알 수 있다. <표 3-24>에서 보여주고 있는 바와 같이 전체적으로 볼 때 면담가구의 35.1%는 이웃과 자주 접촉을 하고 있으며 30.7%는 비교적 자주 접촉하고 있다. 그리고 65.8%는 이웃과 면대면 접촉을 유지하고 있다. 이러한 조사결과는 한계성 이론의 주장과는 매우 달리 이웃과의 접촉활동이 매우 활발하며 이들 불량주거지역 주민들은 이 같은 상호교호활동을 통하여 도시생활에 필요한 정보를 취득하고 지식을 습득하여 생활상의 위기를 극복하는 것으로 보인다.

또한 이 같은 현상은 <표 3-25>에 나타난 바와 같이 취업상태가 불안정하고, 경제적 생활수준이 낮은 불량주거지역일수록 더욱 강하게 나타나고 있다. 불량주거지역 주민의 이 같은 접촉은 단순히 농촌생활습관의 연장이 아니라 자원의 결핍과 생활의 불안정성을 보완하고 극복하려는 전략적 생활수단의 하나라고 볼 수 있다.

〈표 3-24〉 이웃과의 접촉활동

(단위: 명, %)

지역 \ 접촉활동		매우 자주	비교적 자주	가끔	전혀 하지 않음	합 계
서울	금호동	39(38.2)	37(36.3)	18(17.7)	8(7.8)	102(28.2)
수원	세류동	43(41.4)	28(26.9)	25(24.0)	8(7.7)	104(28.7)
평택	서부동	45(28.8)	46(29.5)	50(32.1)	15(9.6)	156(43.1)
합 계		127(35.1)	111(30.7)	93(25.7)	31(8.5)	362(100)

〈표 3-25〉 이웃과의 접촉과 가구의 경제적 지위

(단위: %, 원)

지역 \ 구분		이웃과 자주 접촉하는 가구비(%)	가구당 월평균 소득(천원)	가구주의 비정규부문 취업률(%)
서울	금호동	74.5%	320	71.6
수원	세류동	68.3%	280	83.7
평택	서부동	58.3%	230	85.9
평 균		67.0%	277	80.4

참고: 비정규 부문(informal sector)의 취업에는 실업 및 비경제활동 가구주도 포함됨.

2) 반상회 및 주민조직활동에서의 참여

불량주거지역 주민들은 활발한 개인적 유대와 접촉만을 유지하는 것이 아니라 반상회나 주민의 조직활동도 매우 활발하게 전개하고 있다. <표 3-26>에 따르면 면담가구의 63.0%가 반상회나 주민조직활동에 자주 참석하고 있는 것으로 조사되었다. 이같이 불량주거지역 주민들이 주민조직활동에 적극성을 보이는 것은 첫째, 불량주거지역은 대부분 비정규 주거지로서 제도적 보호권역 밖에 있기 때문에 조직적이고 집단적인 대처가 필요하고, 둘째, 주거환경이 열악하고 지역사회시설이 미비하나 정부의 투자를 기대할 수 없어 주민 스스로 개선해 나가지 않으면 안 되었기 때문인 것으로 풀이된다.

<표 3-26> 반상회 및 주민조직활동

(단위: 명, %)

지역 \ 구분		꼭 참석	자주 참석	가끔 참석	전혀 참석 안함	합 계
서울	금호동	25(24.5)	38(37.3)	27(26.5)	12(11.7)	102(28.2)
수원	세류동	31(29.8)	42(40.4)	26(25.0)	5(4.8)	104(28.7)
평택	서부동	72(46.2)	20(12.8)	54(34.6)	10(6.4)	155(43.1)
합 계		128(35.4)	100(27.6)	107(29.6)	27(7.4)	362(100.0)

2. 외부적 고립

외부적 고립은 외부에 대한 열등의식, 정보전달매체에서의 접근도, 도시 「서비스」 시설이용행태 등으로 설명될 수 있다.

1) 외부에 대한 열등의식

한 집단의 외부적 고립은 지배적인 다수집단의 편견과 차별 그리고 이들에 대한 소수집단의 열등의식에서 싹트게 된다. 그러나 조사대상지역의 가구원에는 그러한 경향이 크게 발견되지 않고 있다. <표 3-27>은 주거지에 대한 인식을 보여주고 있으며 면담 가구원 중 현재의 불량주거지역에 거주하는 것을 수치스럽게 느끼는 가구는 전체의 17.1%밖에 되지 않고 대부분은 전혀 열등의식을 느끼지 않고 있다.

이같이 불량주거지역 주민들이 외부에 대하여 열등의식을 크게 느끼지 않는 것은 다음과 같은 세 가지 이유인 것으로 해석된다. 첫째, 우리나라의 불량주거지는 다른 나라의 「빈민촌」과는 달리 도시화 과정에서 다양한 계층에게 값싸고 유용한 주택을 공급해 주는 역할을 수행하여 왔다. 둘째, 이에 따라 이들 지역은 빈곤층이나 일탈자 등 사회적 낙오자와 특수집단만이 거주하는 문제지역이란 사회적 편견과 오명을 지니지 않고 있다. 셋째, 이들 불량주거지는 비록 합법화된 정상주거지는 아니라 하더라도 그동안 주민들의 자조적 노력으로 주택이나 지역사회시설들이 기초적인 주거생활에 큰 불편이 없을 정도로 개선되어 있다.

〈표 3-27〉 주거지에 대한 인식

(단위: 명, %)

지역 \ 구분		수치스럽다	수치스럽지 않다	모르겠다	합　계
서울	금호동	17(16.7)	57(55.8)	28(27.5)	102(28.2)
수원	세류동	23(22.1)	46(44.2)	35(33.7)	104(28.7)
평택	서부동	22(14.1)	52(33.3)	82(52.6)	156(43.1)
합　계		62(17.1)	155(42.8)	145(40.1)	362(100.0)

2) 정보전달매체에서의 접근도

정보전달매체는 TV, 라디오, 신문 등을 의미한다. 이들은 사회 정보 취득수단의 하나로서 이의 보유상태는 정보에서의 접근도와 관심도를 나타내며 불량주거지역 주민들의 외부에 대한 고립도를 측정해주는 척도가 된다.

<표 3-28>은 면담가구의 「매스컴」 및 전화보유가구의 현황을 보여주고 있다.

TV를 보유하고 있는 면담가구는 95.6%로 거의 대부분에 해당하며 일간신문 구독은 60.0%에 이르고 있다. 특히 면담가구 중 전화를 보유하고 있는 가구는 62.6%의 비율을 차지하고 있다. 전화는 외부와 접촉을 위한 가장 신속하고 편리한 개인수단으로서 취업정보의 교환, 「서비스」 이용, 정보의 취득 등 매우 중요한 역할을 한다.

이 같은 높은 신문 구독률, TV보유 및 전화보유상태는 조사대상지역 주민들이 도시사회정보에 민감하여 이에 대한 접근 및 접촉이 원활하게 이루어지고 있음을 보여주는 것이다.

〈표 3-28〉 매스컴 및 전화보유가구현황

(단위: %)

지역 \ 구분		TV 보유	신문 구독	전화 보유
서울	금호동	95.7	63.0	63.7
수원	세류동	96.4	56.7	65.8
평택	서부동	94.8	60.4	57.0
평 균		95.6	60.0	62.2

3) 도시「서비스」시설이용행태

<표 3-29>은 면담가구자녀들의 교육「서비스」이용현황을 보여주고 있다. 조사지역의 청소년 취학률은 도시평균치를 상회하고 있다.

〈표 3-29〉 연령별 취학률

(단위: %)

지역 \ 구분		10-14세	15-19세	20-24세
전 도시평균		98.9	76.2	21.2
조사지역평균		97.1	91.0	15.9
서울	금호동	97.2	93.6	24.5
수원	세류동	95.7	90.8	12.5
평택	서부동	98.5	88.5	10.8

자료: 경제기획원, 「인구 및 주택센서스 보고」, 제1권 전국 편, 1985.

이 표에 따르면 10~14세까지는 97.1%, 15~19세까지는 91.0%로 전 도시평균치 98.9%, 76.2%를 상회하고 있다. 그러나 20~24

세까지는 15.9%로 전 도시평균치 21.2%에 다소 못 미치고 있다. 도시 「서비스」는 도시생활에 필요한 사회적 욕구를 충족시키는 데 사용되는 사회적 자원으로 성공적인 도시사회적응을 위해서는 도시 「서비스」에 대한 효율적인 활용이 요구된다. 그러나 도시빈곤층이나 한계적 집단들은 이 같은 도시 「서비스」를 제대로 활용하지 못하는 것으로 알려지고 있다. 이것은 우리나라 불량주거지역이 빈곤가구임에도 불구하고 부모들의 교육열이 높다는 것과 교육 「서비스」 등의 활용을 통하여 도시생활에 비교적 잘 적응하고 있으며 이것은 한계성 이론의 주장과 상이한 결과를 보여주고 있다.

3. 전통적 가치관 및 행태

전통적 가치관 및 행태는 전통적 가족관, 개혁 및 미래사회에 대한 폐쇄성 등으로 설명될 수 있다.

1) 전통적 가족관

사회적응과 이동성에 장애요인으로 인식되는 전통적 가족관의 특징의 하나로서 남아선호사상과 다산화 그리고 대가족 제도를 들 수 있다. 그러나 면담가구의 평균가족 수는 4.5인으로 전국도시평균 4.3인과 거의 비슷하며 자녀수도 대부분 2~3인을 넘지 않고 있다. 이 같은 자녀출산통제현상은 <표 3-30>의 연령별 인구구조에 잘 나타나 있다. 조사대상지역의 14세 이하의 아동인구 평균비율은 29.7%로서 전 도시평균 30.0%에 비해 다소 낮게 나

타나고 있다. 이 같은 경향은 0~4세인 경우 더욱 심하여 조사대
상지역의 유아인구는 전 도시평균에 비해 상당히 낮은 수준이다.
이같이 불량주거지역의 아동인구비율이 낮은 것은 첫째, 도시불
량주거지역에 사는 저소득층들이 무조건 아들이나 자녀를 많이
가지려 하지 않고 자신들의 교육능력을 고려하여 출산을 통제하
고 있기 때문이며, 둘째, 지방소도시인 평택시의 경우 0~4세의
유아인구가 전 도시평균에 비해 현저히 낮게 나타난 것으로 미루
어 보아 지방소도시인 평택시 불량주거지역의 경우 젊은층이 빠
져나가고 있는 것으로 풀이된다.

<표 3-30> 가임여성인구 및 아동인구분포

(단위: %)

지역	구분	가임여성비 (20-44세)	아동인구			
			계	0-4세	5-9세	10-14세
전 도시평균		32.2	30.0	9.2	9.7	11.1
조사지역평균		19.5	29.7	7.1	8.8	13.8
서울	금호동	23.5	28.5	8.5	8.8	11.2
수원	세류동	19.2	31.9	7.0	11.3	13.6
평택	서부동	15.8	28.7	5.8	6.4	16.5

자료: 경제기획원, 「인구 및 주택센서스 보고」, 제1권 전국 편, 1985.

또한 불량주거지역 주민의 남아선호관의 변화는 자녀교육에도
잘 나타나 있다. 면담가구에서는 취학에 있어서 남녀 자녀에 대
하여 특별한 차별을 하지 않고 있다. <표 3-31>에 따르면 청소
년 성별 취학률 격차는 10~14세 사이의 경우 남녀 취학률은 각

각 98.6%, 97.1%이며, 15~19세 사이는 남녀 각각 95.4%, 86.6%
로서 적어도 고등학교까지는 큰 차별을 두지 않고 있다. 그러나
대학 이상 수준인 20~24세의 경우 남녀 취학률은 각각 21.2%,
12.3% 등으로 다소 격차가 발생하고 있다. 이것은 전국대학생 중
여학생이 남학생보다 적은 현실에서 일반적 현상이라고 볼 수 있
으며 우리나라 부모들의 경우 자녀교육에 있어 저소득층이라 할
지라도 다른 계층과 비교하여 별 차이를 보이지 않고 있다. 이것
은 한계성 이론의 주장이 우리나라 불량주거지역의 경우는 해당
되지 않는다고 할 수 있다.

〈표 3-31〉 청소년 성별 취학률 격차

(단위: %)

구 분		10-14세	15-19세	20-24세
전 도시평균	남여격차	98.0 96.5 1.5	65.1 54.4 10.7	17.3 7.5 9.8
조사지역평균	남여격차	98.6 97.1 1.5	95.4 88.6 6.8	21.2 12.3 8.9

자료: 경제기획원, 「인구 및 주택센서스 보고」, 제1권 전국 편, 1985.

한편 면담가구의 가족구성 <표 3-32>을 통해 살펴보면 전통적
인 가족제도로 볼 수 있는 부모 또는 조부모를 모시고 사는 3세대
이상의 대가족은 전체의 8.2%로 도시평균 13.0%에 비하여 5% 정
도 낮고, 그러나 부부와 자녀만으로 구성된 핵가족은 86.4%로 도시

평균 71.4%에 비하여 15% 정도 높은 수준을 유지하고 있다. 이 같은 불량주거지역 세대의 핵가족 중심의 가족구성은 대가족이 이동에 장애가 되며, 농촌으로부터의 이주민들은 도시의 주택난 및 활동의 불안정성으로 인하여 노부모 및 부양가족 등을 농촌에 남겨두기 때문이라 볼 수 있다. 또한 불량주거지역 주민들은 한계적 특성의 하나로 볼 수 있는 집단 지향성 또는 친족에의 의존성도 매우 낮은 것으로 나타나고 있다. <표 3-33>는 가사문제에 대한 해결방법을 보여 주고 있다. 이 표에 따르면 면담가구 중 문제의 발생이나 위기 시 스스로 해결하는 경우가 58.6%이고, 친척의 도움을 받는 경우 20.9%, 이웃의 도움은 14.6%, 공공「서비스」이용은 1.9% 밖에 되지 않는다. 이 같은 현상은 불량주거지역 주민들이 전통적인 가족중심의 집단지향적 성향에서 탈피하여 산업사회의 특징인 개인지향적 성향으로 변해가고 있는 것으로 볼 수 있다.

〈표 3-32〉 가족구성형태

(단위: %)

구 분	계	1세대 가구 부부	2세대 가구 부부+자녀, 부부+부모	3세대 이상 가구 부부+자녀+부모
전 도시	100.0	18.2	69.4	12.0
조사지역	100.0	5.4	86.4	8.2

자료: 경제기획원, 「인구 및 주택센서스 보고」, 제1권 전국 편, 1985.

〈표 3-33〉 가사문제에 대한 해결방법

(단위: %)

지역	해결방법	스스로 해결	친척의 도움	이웃의 도움	공공서비스 이용	무응답
서울	금호동	62.8	15.8	15.7	2.0	3.7
수원	세류동	52.2	21.3	18.5	2.3	5.7
평택	서부동	60.9	25.6	9.6	1.3	2.6
종합평균		58.6	20.9	14.6	1.9	4.0

2) 개혁 및 미래사회에 대한 폐쇄성

전통적 가치와 행태를 지닌 사람들은 합리적, 과학적 또는 객관적인 사고방식을 지니지 못하고 있으며 새로운 가치관이나 생활양식에 대하여 매우 폐쇄적이라는 것이 한계성 이론의 주장이다. 그러나 면담가구의 경우 〈표 3-34〉의 가족계획 행태에서 보는 바와 같이 면담가구원 중 20~44세 사이의 유배우가임여성의 55.7%가 가족계획을 실시 중에 있다.

이 같은 수준은 전국가족계획실시 가임여성률[13] 54.5%를 약간 상회하는 수준에 있다. 이것은 조사대상지역 가구의 경우 한계성 이론의 주장과 달리 합리적이고 새로운 것에 대하여 보다 개방적이고 적극적임을 보여주고 있다.

---

13) 고갑석 외, "1979년 한국 피임보급률 실태조사", 「한국 인구학회지」, 1981. pp.87-88.

〈표 3-34〉 가족계획 행태

(단위: %)

지역	가족계획	그렇다	아니다
서울	금호동	65.4	34.6
수원	세류동	50.5	49.5
평택	서부동	51.3	48.7
종합평균		55.7	44.3

자료: 경제기획원, 「한국의 사회지표」, 1990.

〈표 3-35〉 질병 시 무당 또는 무면허의료인 찾는 빈도

(단위: %)

지역	구분	자주 찾는다	가끔 찾는다	1-2번 경험 유	한번도 없다
서울	금호동	2.9	7.0	8.9	81.2
수원	세류동	1.2	15.6	6.7	76.5
평택	서부동	12.8	14.7	23.7	48.8
종합평균		5.6	12.4	13.1	68.9

이 밖에도 새로운 사고, 과학적이고 합리적인 생활태도에서의 개방성은 이미 살펴본 자녀교육에서의 성별차별의 감소현상에서도 찾을 수 있으며 질병치료행태에도 나타나고 있다. 면담가구원들은 〈표 3-35〉에서 보는 바와 같이 전통적으로 용인되어온 비정규치료행태, 무당, 점술집, 체내림 또는 무면허의료시술자를 찾는 예가 거의 없다. 면담가구원 중 이 같은 비정규 치료행위를 받아 본 경험이 있는 가구원은 전체의 31.1%에 불과하며, 그나마

자주 찾는 경우는 극소수인 5.6%이고 대부분은 1~2회의 경험에 그치고 있는 것으로 조사되었다.

4. 빈곤문화의 형성

빈곤문화의 형성은 가정해체, 비규범적 행태, 절대적 좌절의식 등으로 설명될 수 있다.

1) 가정해체

빈곤문화의 대표적 특징의 하나는 부녀자 유기로 인한 가정해체다. 그러나 조사대상지역 주민들은 매우 안정적인 가정생활을 하고 있는 것으로 나타났다.

〈표 3-36〉 특수가구 분포현황

(단위: %)

구 분	도시가구 평균	조사지역 평균	서울 금호동	수원 세류동	평택 서부동
편친가구	9.4	13.6	8.4	13.2	19.4
독신가구[1]	8.8	3.2	4.1	2.3	3.2
노인가구[2]	20.2	15.2	6.7	15.5	23.4
아동가구[3]	3.6	1.0	1.5	0.7	0.8

1) 독신가구는 비혈연가구 포함.
2) 60세 이상 가구주 포함.
3) 24세 이하 가구주 포함.
자료: 경제기획원, 「인구 및 주택센서스 보고」, 제1권 전국 편, 1985.

<표 3-36>는 특수가구 분포현황을 보여주고 있다. 이 표에 의하면 면담가구 중 편친가구, 독신가구, 노인가구 및 아동가구 등 특수가구의 비율은 도시가구 평균에 비해 다소 높기도 하고 낮기도 하였지만 별 차이가 없는 것으로 조사되었다.

특히 평택시 서부동의 경우 예외적으로 노인가구의 비율이 높게 나타나고 있으나 이 같은 예외적 현상은 가정해체의 결과라기보다는 이들 지역에 저렴한 주택을 찾아 노동능력을 상실한 저소득층이 집중해왔기 때문이라고 볼 수 있다.

2) 비규범적 행태

한계성 이론의 주장은 빈곤층이나 불량주거지역 주민들은 현재의 결핍상태를 합리적이고 제도화된 방법에 의하여 해결하려 하지 않고 충동적이고 자기파괴적인 방법에 의하여 해결하려는 경향이 높아 불량주거지역은 범죄 및 각종 사회적 비행의 온상이라는 오해를 받고 있다. 이러한 한계성 주장을 알아보기 위하여 음주·도박에 대한 주민의 인식과 절도·폭력에 대한 주민의 인식을 조사해 보았다. <표 3-37>은 음주·도박에 대한 주민의 인식을 보여주고 있다. 이 표에 의하면 면담가구 중 그들이 사는 지역에 음주, 도박 등 무절제한 생활을 하는 주민이 있다고 믿는 경우는 아주 많다가 9.9%, 조금 있다가 28.5%로 이것은 전체적으로 38.4%에 지나지 않고 가구원의 대부분인 61.6%는 그들 지역에 무절제한 생활을 하는 사람이 거의 없거나 전혀 없다는 반응을 보이고 있다.

〈표 3-37〉 음주·도박에 대한 주민의 인식

(단위: 명, %)

지역	구분	아주 많다	조금 있다	거의 없다	전혀 없다	합 계
서울	금호동	13(12.7)	25(24.5)	32(31.4)	32(31.4)	102(28.2)
수원	세류동	15(14.4)	21(20.2)	37(35.6)	31(29.8)	104(28.7)
평택	서부동	8(5.1)	57(36.6)	52(33.3)	39(25.0)	156(43.1)
합 계		36(9.9)	103(28.5)	121(33.4)	102(28.2)	362(100.0)

이와 함께 절도·폭력 등 반규범적 행태는 <표 3-38>에서 보여주고 있다. 면담가구원의 7.2%는 아주 많고, 25.9%는 조금 있다로 33.1%가 있다고 응답하였다.

반면 38.4%는 거의 없고, 27.1%는 전혀 없다로 전체적으로 보면 65.5%의 압도적인 수가 반규범적 행태가 거의 없는 것으로 응답하였다. 이러한 조사결과를 통하여 볼 때 본 조사대상지역에서는 비규범적, 반규범적 행태가 거의 발견되지 않고 있다. 한편 면담가구원들의 이 같은 반응은 객관적인 사실과 관계없는 반사회적, 비규범적 행태에 관한 인식의 차이나 자신의 행위에 대한 합리화의 속성으로 볼 수 있다. 그러나 이와 같은 주민들의 반응은 지금까지 살펴본 주민들의 합리적이고 현실적인 생활태도, 미래지향적 생활관 등과 일치하고 있다. 이것은 한계성의 주장이 조사대상지역의 경우는 맞지 않는 것으로 풀이된다.

<表 3-38> 절도, 폭력에 대한 주민의 인식

(단위: 명, %)

지역 \ 구분		아주 많다	조금 있다	거의 없다	전혀 없다	무응답	합 계
서울	금호동	7(6.8)	21(20.6)	37(36.3)	37(36.3)	0(0.0)	102(28.2)
수원	세류동	13(12.5)	18(17.3)	42(40.4)	26(25.0)	5(4.8)	104(28.7)
평택	서부동	6(3.8)	55(35.3)	60(38.5)	35(22.4)	0(0.0)	156(43.1)
합 계		26(7.2)	94(25.9)	139(38.4)	98(27.1)	5(1.4)	362(100.0)

3) 절대적 좌절의식

한계적 인간의 대표적 특징의 하나는 무능력, 절망감 및 비관론이라고 할 수 있다. 이 같은 성격적 특성을 지닌 개인이나 집단은 보다 나은 내일을 기대하지도 않을 뿐만 아니라 오히려 더욱 악화되리라는 패배주의적 비관론에 빠지게 된다. 이러한 한계성 이론에서 주장하는 절대적 좌절의식을 알아보기 위하여 10년 후의 생활향상전망을 조사한 결과 이것은 <표 3-39>에서 보여주고 있다. 면담가구원 중 65.2%는 앞으로 10년 후의 생활이 현재에 비해 향상될 것으로 기대하고 있으며 비슷할 것이라고 생각하는 비율이 30.4%로 나타나 있다. 이것은 95.6%라는 절대적 숫자가 낙관적인 반응을 보이고 있으며 반내로 향후생활이 악화되리라고 믿는 비관론자는 4.4%에 불과하다는 것을 보이는 것이다.

<표 3-39> 생활향상전망

(단위: 명, %)

지역	구분	향상될 것임	비슷할 것임	악화될 것임	합 계
서울	금호동	66(64.7)	33(32.4)	3(2.9)	102(28.2)
수원	세류동	71(68.3)	30(28.9)	3(2.8)	104(28.7)
평택	서부동	99(63.5)	47(30.1)	10(6.4)	156(43.1)
합 계		236(65.2)	110(30.4)	16(4.4)	362(100.0)

<표 3-40> 장래 생활 설계

(단위: 명, %)

지역	구분	새로운 사업	새로운 기술 습득	본인 취업	저축	자녀 교육을 통해서	기타	없음	합 계
서울	금호동	7(9.2)	3(3.9)	11(14.5)	11(14.5)	31(40.8)	3(3.9)	10(13.2)	76(28.8)
수원	세류동	5(6.9)	2(2.8)	8(11.1)	21(29.2)	19(26.4)	4(5.6)	13(18.0)	72(27.3)
평택	서부동	13(11.2)	3(2.6)	9(7.8)	23(19.8)	43(37.1)	0(0.0)	25(21.5)	116(43.9)
합 계		25(9.5)	8(3.0)	28(10.6)	55(20.8)	93(35.2)	7(2.7)	48(18.2)	264(100.0)

이와 함께 장래생활향상을 위한 구체적 계획은 <표 3-40>에서 보여주고 있다. 전체의 81.1%가 미래생활에 대한 계획을 가지고 있고 35.2%가 자녀교육을 통한 성공을 기대하고 있으며 20.8%가 저축을 통해 미래생활에서의 향상을 꾀하고 있다.

나머지는 장기적이고 추상적인 것이긴 하나 본인 취업이 10.6%, 새로운 사업이 9.5%, 새로운 기술습득이 3.0% 등으로 조사되었다. 본 조사대상지역에서는 위와 같은 조사결과로 미루어 한계적 인간의 대표적 특징의 하나인 무력감, 절망감 및 패배주의적 비관론이 거의 나타나지 않고 있다.

5. 도시경제에서의 손실과 자원의 고갈

도시경제에서의 손실과 자원의 고갈은 생산 및 경제활동참여행태, 소비지출 「패턴」 등으로 설명될 수 있다.

1) 생산 및 경제활동 참여행태

한계성 이론에 따르면 도시빈곤층이나 불량주거지역 주민들이 도시경제에 손실을 끼치고 도시자원을 고갈시키는 가장 큰 원인은 이들이 노동의욕과 능력이 없어 생산 및 경제활동에 제대로 참여하지 못하기 때문이다. 그러나 우리나라의 불량주거지역 주민들은 매우 적극적으로 생산 및 경제활동에 참여하고 있는 것으로 조사되었다. <표 3-41>에 따르면 면담가구원의 경제활동참여가율은 55.6%로서 89년 현재 전국 비농가 경제활동참여가율 57.7%와 비교하여 거의 비슷한 수준에 있다.[14]

또한 <표 3-42>은 조사대상지역 가구의 평균 취업자수를 보여주고 있다. 면담가구원의 평균 취업자수는 1.59인으로 도시근로자 가구 평균 취업자수 1.31인보다 다소 높게 조사되었다. 면담가구원 중에는 한 가구에서 3인 이상이 취업하는 전 가구원 취업형[15]

---

14) 경제기획원, 「경제활동인구연보」, 1990.
15) 경제기획원, 「도시가계연보」, 1990.

이 10.2%에 이르고 있다. 이 같은 경제활동참가율과 가구원의 취업현황은 조사대상지역 주민들이 생산 및 경제활동을 회피하는 것이 아니라 이들은 낮은 보수와 불안정적인 취업에도 불구하고 높은 경제활동률을 나타내고 있다. 더욱이 조사대상지역 주민들이 참여하는 취업 분야는 경제적 대가가 적고 작업환경과 조건이 불량하여 도시중산층들이 취업을 회피하는 분야이다.

〈표 3-41〉 가구주 취업특성과 가구원의 경제활동참가율

(단위: %)

지역	구분	가구주의 상시고용률	가구원의 경제활동참가율
계		23.3	55.6
서울	금호동	15.3	65.2
수원	세류동	21.2	50.4
평택	서부동	13.4	51.3

〈표 3-42〉 가구당 취업자 분포현황

(단위: %)

구 분		%
도시근로가구 평균		1.31
면담가구 평균		1.59
취업자수	0인	3.8
	1인	52.7
	2인	28.2
	3인	10.2
	4인 이상	5.1

자료: 경제기획원, 「도시가계연보」, 1984.

2) 소비지출「패턴」

불량주거지역 주민들의 도시경제에서의 기여도는 소비지출「패턴」에도 나타나고 있다. 이들 소비「패턴」의 특징은 대부분의 소비지출이 도시의 정상적인 시장「메커니즘」 내에서 이루어지고 있다는 사실이다. <표 3-34>는 생활용품 구입처 현황을 보여주고 있다. 이 표에 의하면 면담가구의 상품구입처의 경우 주·부식 등 생필품은 지구 내 상점에서 구입하는 데 비해 의류, 가전제품 등 내구소비재는 주로 시장에서 구입하고 있다.

〈표 3-43〉 생활용품 구입처 현황

(단위: %)

생활용품 구입처	주곡	부식	연료	의류·기타 가전제품
지구 내 상점	40.2	59.3	51.1	5.4
구판장, 슈퍼마켓	11.4	22.0	24.8	5.4
백화점	–	–	–	1.6
시 장	37.8	12.1	18.1	83.0
행 상	–	4.4	–	2.3
기 타	10.6	2.2	6.0	2.3

또한 이늘이 구입하는 상품노 매우 나앙하여 도시산입에 근 영향을 주는 것들이다. 이 같은 사실은 면담가구의 내구소비재 보유상태에서 잘 나타나 있다.

<표 3-44>은 면담가구의 내구소비재 보유상태를 보여주고 있다. 이 표에 의하면 이미 살펴본 바와 같이 면담가구의 95.6%가

TV를 보유하고 있고 라디오와 냉장고는 각각 75.9%, 74.4%, 녹음기는 45.5%, 세탁기는 41.3%, 카메라는 27.6%를 보유하고 있다. 이 같은 사실은 조사대상지역 주민들이 비록 소득수준은 낮다 하더라도 도시경제에서 무시하지 못할 정도의 소비시장을 제공해 왔음을 의미한다.

<표 3-44> 내구소비재 보유현황

(단위: %)

지역 \ 구분	TV	라디오	냉장고	세탁기	녹음기	카메라	전축	피아노
계	95.6	75.9	74.4	41.3	45.5	27.6	12.3	0.3
서울 금호동	95.7	82.7	80.4	51.0	48.8	30.4	12.6	0.5
수원 세류동	96.4	78.5	75.6	42.2	46.5	31.2	13.2	0.3
평택 서부동	94.8	66.4	67.3	30.8	41.1	21.2	11.2	0.0

6. 경제적 이동성 결여

경제적 이동성 결여는 직업적 이동성 등으로 설명될 수 있다.

1) 직업적 이동성

면담가구주의 취업구조를 보면 「화이트칼라」는 6.7%에 불과하다. 이것은 1975년 현재 서울 시내 불량주거지역의 가구주 중 「화이트칼라」가 11.5%인 데 비하면 다소 낮은 수준이다.[16] 그러나 면담가구자녀들의 취업상태를 보면 가구주와 달리 안정적이고 보수가

---

16) 한국산업개발연구소, 「불량주택사업지역주거실태조사」, 1975. pp.58-59.

높은 정규부문에 고용된 비율이 높다. 특히 젊은층 중에서는 전문관리직 및 사무직이 32.1%로 이것은 불량주거지역에 「화이트칼라」에 종사하는 계층이 많다는 것을 나타내는 것이다. 이는 또한 가구주의 6.7%에 비해 젊은층이 상당히 높은 것을 보여주고 있다. 이것은 세대 간 직업적 이동성을 나타내주고 있는 것이다.<표 3-45>

참고적으로 불량주거지역 주민의 직업적 이동성과 이동경로를 살펴보면,[17] 그것은 다음과 같은 몇 가지 특성으로 요약될 수 있다.<표 3-46>

<표 3-45> 가구주 및 가구원의 취업구조비교

(단위: %)

취업구조	구분	가구주	가구원
자영부문	소 계	58.1	26.7
	단순노동	38.6	25.5
	행상, 노점상	19.5	1.2
고용부문	소 계		
	서비스직	7.2	12.5
	사무직	6.7	32.1
	공장직원	7.5	13.4
비취업	소 계		
	비경제 활 동	5.0	10.2
	실 업	15.0	5.1

---

17) 박수영, 김용웅, "도시불량주거지역 주민의 한계적 특성", 「국토연구」, 제Ⅲ권, 국토개발연구원, 1984, pp.29-30.

참고적으로 불량주거지역 주민의 직업적 이동성과 이동경로를 살펴보면,[18] 그것은 다음과 같은 몇 가지 특성으로 요약될 수 있다.<표 3-46>

(1) 한계적 계층

한계적 계층은 취업구조의 가장 하위단계로서 이 계층에 속하는 주민들은 대부분 도시생활경험이 짧고 교육 및 기술수준이 낮아 실업 중에 있거나 단순노무, 행상, 가내수공업 등 안정성과 보수가 낮은 부문에 취업하는 계층으로 구성되어 있다. 이들 1차적 목표는 도시 내 생활기반의 확보와 생계유지다. 그러므로 이들은 환경개선이나 지역사회활동에 큰 관심을 보이지 않는다. 이들은 대부분 타인의 가옥의 일부를 전·월세의 방법으로 임대주거하고 있고, 주거이전이 매우 빈번하다.

(2) 안정적 계층

안정적 계층은 한계적 계층의 상위계층으로 한계적 계층 중 도시생활경험이 많아지고, 도시사회의 적응능력과 취업상 숙련도가 높아짐에 따라 안정적이고, 수입이 높은 직업으로 발전된 계층이다. 이들의 대표적 직업을 보면 건설업 부문에서는 미장공, 벽돌공, 석공, 목공, 배관공 및 전공 등이 있고, 이 밖에는 운전사 및 정비공, 제조업 분야의 숙련 및 반숙련공 그리고 소규모 상점의 자영업자 등이 있다. 안정적 계층의 주민들은 지속적인 소득원을 확보하고 있기 때문에 생계의 위협이 없으므로 자녀교육에 치중

---

18) 상게서, pp.29-30.

하고 주거환경개선, 문화 및 여가생활 등에 관심을 갖기 시작한
다. 한편 이들은 자가주택을 소유하거나 전세 등을 통하여 안정
적인 거처를 확보하고 한곳에 장기적으로 거주하는 것이 특징이
다. 이 같은 안정적 계층에서의 진출에는 개인의 건강, 근면성,
도시생활에서의 경험 외에는 특별한 지식이나 기술 그리고 자본
이 필요하지 않아 특별한 장애가 없는 한 대부분의 농촌출신 이
주민들은 이 단계까지는 쉽게 발전한다.

(3) 발전적 계층

자녀들이 성장하고 가구의 경제적 생활이 안정되고 향상됨에
따라 일부 주민들은 사회적 평가와 발전의 잠재력이 비교적 낮은
안정적 계층에 만족하지 않고, 회사원, 공무원 등 「화이트칼라」계
층으로 진출하게 된다. 이들은 대부분 교육수준이 높은 농촌이주
민과 안정적 계층의 자녀들로서 현재의 생활이나 지위에 만족하
지 않고 중산층으로의 진출에 관심을 갖는 매우 발전지향적인 계
층이다. 이들은 불량주거지역에서 성공의 모델로서 지역사회에서
지도적 역할을 수행한다.

(4) 중산계층

이들은 취업구조의 최상계층으로서 자영상공인, 전문직업인 및
기술자들로 구성되어 있다. 이들은 발전적 계층에서 진출해온 경
우도 있으나 대부분은 불량주거 내에 제공하는 저렴한 주택을 구
입하거나 이들 지역에서 수요가 높은 영업활동을 하기 위해 모여
든 계층이다. 이들은 전체 주민 중 극소수에 불과하나 불량주거

지 내의 사회-경제적 다양성을 확보해주고 외부로부터 불량주거지역에 대한 사회적 편견을 해소해 주는 역할을 한다.

<표 3-46> 조사지역주민의 고용구조 및 이동성

		관리직			전문기술직		
중산 계층	대학 교육	관리직 공무원	회사간부	영관 이상 군인장교	자영 전문직 의사, 약사	고용전문직 (engineer)	2.2%
		사무직		초급기술직, 기능직			
발전적 계층	고등학 교교육	공무원	회사원 교사	초급 기술자	전문기능원		20.1%
		고용생산 및 노무직		자영도소매			
안정적 계층	중학교 교육	생산공원	고용노무직 (수위, 청소원, 운전자 등)	잡화상 (소매상)	도매상		27.0%
		자영숙련노무		자영반숙련노무			
한계적 계층	국민학 교교육	건축 기계수리 등		건축 기계수리 등			9.3%
		비숙련노무					
		단순노무(건축)	행상, 외판 및 점원		가내부업		23.9%
		실 업					17.5%

자료: 박수영, 김용웅, 전게논문, p.133.

위의 분석내용을 간략히 요약하면 도시불량주거지역 주민의 한계적 특성은 다음과 같은 몇 가지로 요약될 수 있다.

첫째, 사례지역 주민들은 한계적 이론의 주장과 달리 이웃과의 접촉활동이 매우 활발하며 반상회 및 주민조직활동에서의 참여도 적극성을 보이고 있는 것으로 조사되었다.

둘째, 사례지역 주민들은 한계성 이론의 주장과 달리 외부에 대하여 열등의식을 크게 느끼지 않았고, 사회정보취득수단의 하나인 정보전달매체에 대한 접근 및 접촉이 원활하게 이루어지고 있었다. 또한 도시 「서비스」 시설이용은 도시평균치를 상회하고 있는 것으로 조사되었다.

셋째, 한계성 이론의 주장은 불량주거지역 주민들은 전통이나 관습에 대한 지향성이 강하고 새로운 변화나 미래에 대한 신념이 약하다는 것이다. 그러나 사례지역 주민들은 전통적 가족관과 개혁 및 미래사회에 대한 폐쇄성이 나타나지 않고 오히려 합리적이고 새로운 것에 대하여 개방적이고 적극적임을 보여주고 있다.

넷째, 한계성 이론의 주장은 불량주거지역 주민들은 빈곤이나 결핍상태의 해소에 적극적이지 못하며 일부는 비규범적 반사회적 방법으로 이를 극복하려는 경향이 높다는 것이다. 그러나 사례지역 주민들은 가정해체라든가 비규범적 행태가 거의 나타나지 않는 것으로 조사되었다.

디섯째, 한계성 이론의 주장은 두시빈곤층이나 불량주거지역 주민들이 도시경제에 손실을 끼치고 도시자원을 고갈시키는 가장 큰 원인은 이들이 노동의욕과 능력이 없어 생산 및 경제활동에 제대로 참여하지 못하기 때문이다. 그러나 사례지역 주민들은 매우 적극적으로 생산 및 경제활동에 참여하고 있는 것으로 조사되었다.

여섯째, 한계성 이론의 주장은 불량주거지역 주민들은 경제적 이동성이 결여되어 있어 퇴영적 생활에 빠지기 쉽다는 것이다. 그러나 사례지역 주민들의 경우 면담가구자녀의 취업상태는 가구주와 달리 안정적이고 보수가 높은 정규부문에 고용된 비율이 높게 조사되었다.

제5절 도시정책에 대한 기대감

도시정책에 대한 주민들의 기대감을 알아보기 위해 부동산 투기억제, 서민주택공급, 교통시설증대, 공해방지, 일자리확보, 무허가 건물 양성화 등 일련의 도시정책에 대한 질문을 하였다. <표 3-47>은 도시정책에 대한 신뢰도를 조사한 것이다. 이 표에 의하면 부동산 투기억제나 공해방지, 교통시설증대에 대해서는 각각 87.8%, 87.6%, 74.8%가 혜택이 없거나 있더라도 그저 그럴 것이다 라고 응답하였다. 반면에 서민주택공급, 일자리 확보, 무허가건물 양성화 등에 대해서는 각각 82.1%, 52.8%, 59.7%가 많은 혜택을 받거나 어느 정도 혜택을 받을 것이라고 응답하였다.

이와 함께 <표 3-48>은 불량주거지역 주민이 현재 가장 필요하다고 생각하는 것을 나타낸 것이다. 조사대상지역 주민이 가장 필요하다고 생각하는 것은 내집마련 또는 무허가건물 양성화(61.9%)이고, 그 다음으로는 직장마련(17.2%), 자녀교육(6.3%), 의료보호혜택(5.0%) 등의 순으로 조사되었다. 이 표에 따르면 직장마련, 봉급인상, 내 집 마련, 자녀교육, 교통편의 등에 대하여는 서울, 수원, 평

택에서 비슷한 필요성을 찾아볼 수 있다. 그러나 의료보험의 경우
에는 평택이 서울이나 수원보다 높게 나타나 있다.

<표 3-47> 도시정책에 대한 신뢰

(단위: 명, %)

도시정책 \ 구분	많은 혜택을 받을 것임	어느 정도 혜택을 받을 것임	그저 그럴 것임	별 혜택이 없을 것임	전혀 혜택이 없을 것임	합 계
부동산투기억제	17(4.7)	27(7.5)	87(24.0)	119(32.9)	112(30.9)	362(100.0)
서민주택공급	195(53.9)	102(28.2)	39(10.8)	21(5.8)	5(1.4)	362(100.0)
교통시설증대	35(9.7)	56(15.5)	126(34.8)	95(26.2)	50(13.8)	362(100.0)
공해방지	25(6.9)	20(5.5)	123(34.0)	162(44.8)	32(8.8)	362(100.0)
일자리확보	126(34.8)	65(18.0)	77(21.3)	44(12.2)	50(13.8)	362(100.0)
무허가건물 양성화	165(45.6)	51(14.1)	33(9.1)	45(12.4)	68(18.8)	362(100.0)

<표 3-48> 조사지역주민에게 필요한 사항

(단위: 명, %)

조사지역 \ 구 분		직장마련	봉급인상	내 집 마련 또는 양성화	의료 보호 혜택	자녀 교육	교통 편의 대책	합 계
서울	금호동	21(20.6)	3(2.9)	65(63.7)	4(3.9)	8(7.8)	1(1.0)	102(28.2)
수원	세류동	17(16.3)	4(3.9)	65(62.5)	10(9.6)	5(4.8)	3(2.9)	104(28.7)
평택	서부동	23(14.7)	5(3.2)	93(59.6)	25(16.0)	10(6.4)	0(0.0)	156(43.1)
합 계		61(17.2)	12(3.3)	223(61.9)	39(5.0)	23(6.3)	4(1.3)	362(100.0)

또한 정부에 대한 요망사항을 <표 3-49>을 통해 살펴보면 면
담가구의 대부분이 서민주택공급과 무면허건물 양성화로 각각
37.6%, 31.1%를 나타냈고, 그 다음으로는 취업대책(18.4%), 자녀
교육비지원(7.2%)을 원하고 있는 것으로 나타났다. 이를 통해 알

수 있듯이 불량주거지역 주민들에게 가장 절실히 요구되는 것은 내집마련 또는 현 거주지의 양성화 등과 같은 주거문제이고 더불어 취업대책과 같은 생계대책을 바라고 있으며 이들과 직접적인 관련이 없는 도시정책에 대해서는 회의적인 반응을 보이고 있다.

<표 3-49> 정부에 대한 요망사항

(단위: 명, %)

지역	구분	무허가건물 양성화	취업대책	자녀교육비지원	교통대책	상·하수도정비	공해대책	서민주택공급	합 계
서울	금호동	36(35.5)	24(23.5)	5(4.9)	1(0.9)	4(3.9)	1(0.9)	31(30.4)	102(28.2)
수원	세류동	32(30.8)	21(20.2)	8(7.7)	2(1.9)	3(2.9)	0(0.0)	38(36.5)	104(28.7)
평택	서부동	42(26.9)	18(11.5)	11(7.1)	5(3.2)	13(8.3)	0(0.0)	67(43.0)	156(43.1)
합 계		110(31.1)	63(18.4)	26(7.2)	8(2.2)	20(5.5)	1(0.3)	136(37.6)	362(100.0)

위의 분석내용을 간략히 요약하면 도시정책에 대한 기대감은 다음과 같은 몇 가지로 요약될 수 있다.

첫째, 도시정책에 있어 직접적인 이해관계가 있는 서민주택공급, 일자리 확보, 무허가건물 양성화 등에 대해서는 적극적인 관심을 표명하고 있었다.

둘째, 사례지역 주민이 가장 필요로 하는 것도 도시정책의 기대감에서 나타난 바와 같이 내집마련 또는 양성화, 직장마련, 의료보호혜택 등으로 조사되었다.

셋째, 정부에 대한 요망사항도 앞에서와 같이 서민주택공급, 무허가건물 양성화, 취업대책, 자녀교육비지원을 원하고 있는 것으로 조사되었다.

제4장 분석결과와 정책적 시사점

본 장에서는 제3장에서 사례지역의 실증분석에 대한 결과를 종합정리하고, 분석결과를 기초로 하여 도시재개발정책에 대한 방향제시 및 불량주거지역에 대한 연구과제를 도출한다.

제1절 분석결과

1. 사례지역의 생활실태

사례지역의 생활실태에 대한 분석결과를 보면 다음과 같다.

(1) 사례지역의 생활실태는 여성가구주의 비율과 가구주의 평균연령이 다소 높게 조사되었고, 가구주의 학력은 일반소득층과 비교하여 낮은 것으로 밝혀졌다.

또한 가구주 직업은 무직이 가장 많고, 막노동이나 지속성이 없는 노점, 행상이 대부분을 차지하고 있기 때문에 월평균소득도 낮은 것으로 조사되었다. 조사대상지역의 전체 평균가구원수도 높은 편이었으며, 저축은 거의 없었고 부채는 상당히 지고 있었다. 부채를 지게 된 원인은 가구주의 무직과 불규칙한 노동, 가족의 질병, 자녀교육, 주택관계 등으로 조사되었다. 위의 분석결과를 간략히 요약하면 조사대상지역 가구주의 학력이 낮고, 직업이 불안정하여 소득을 향상시키려는 기회가 제한되어 있기 때문에 빈곤계층이 더욱더 빈곤해질 수밖에 없으며, 그래서 이들은 불량주거지역에 거주하고 있는 것으로 풀이된다.

(2) 주거환경은 주택의 소유형태에 있어서 자가보다는 전세, 월세의 비중이 높게 나타났다. 주택 및 대지의 허가 유·무에 있어서는 서울 금호동, 수원 세류동은 허가의 비율이 다소 높은 수치로 나타났으며, 지방소도시인 평택시에서는 압도적으로 허가의 비율이 높게 조사되었다. 또한 가구당 사용방수는 도시평균에 비해 낮은 것으로 밝혀졌다.

사용건평은 10평 미만의 좁은 공간에 거주하는 가구수가 가장 많고, 1주택 내 평균 동거가구 수는 3가구 이상이었다. 가구의 급수상태는 상당히 양호하나 화장실 상태는 몹시 열악한 수준인 것으로 조사되었다. 따라서 사례지역의 주거상태는 극히 제한된 공간 내에서 여러 세대가 함께 거주하고 있어 불량주거지역에서 나타나고 있는 사생활의 미보장, 토지이용의 효율성 저하, 불결한 위생환경, 화재위험, 교육 등의 문제가 제기되고 있다.

2. 사례지역의 형성과 그 요인

현재의 불량주거지역이 어떻게 형성되었고, 그 요인이 무엇인가를 분석해 본 결과는 다음 몇 가지로 요약될 수 있다. 첫째, 전입 당시 가구주 연령은 20대, 30대가 가장 많은 것으로 조사되었다. 이것은 경제활동력이 가장 왕성한 시기에 새로운 삶의 터전을 마련하기 위하여 이주하고 있는 뚜렷한 경향을 보여주는 것이다. 둘째, 출신지역은 서울 금호동, 수원 세류동은 그 절대수나 인구규모에 대한 상대비율에 있어서나 호남지방출신이 가장 많고, 지방소도시인 평택시의 경우에 있어서는 인근 경기도나 충청도 등의 농촌지역에서 유입해 들어와 형성된 불량주거지역으로 밝혀졌고, 셋째, 이전의 주요 요인은 취업이나 직장이동, 생활이 어려워서 등 경제적 이유가 압도적인 것으로 조사되었다. 넷째, 조사대상지역에서의 평균 주거연수는 약 8년으로 밝혀졌다. 이것은 불량주거지역이 상승이동이 가능한 사람과 하강이동이 가능한 사람들의 정류소로서의 역할을 수행함과 동시에 영원한 피난지로서의 역할도 수행하고 있다는 것이다. 다섯째, 현재의 주거지로의 이주동기는 좀 더 저렴한 가격으로 자기 집을 마련하거나 전·월세를 얻기 위한 주택관계 때문으로 조사되었다. 여섯째, 이주 전후의 생활에 대한 자체평가는 비슷했다는 의견이 거의 반수를 차지하고 있었다.

3. 사례지역 주민의 한계적 특성

1) 사회적 특성

한계성 이론에서 주장하는 사회적 특성에 대한 분석결과는 다음과 같이 요약될 수 있다.

첫째, 불량주거지역 주민의 내부적 결속이나 와해현상의 가장 기초적인 척도는 주민상호간의 교호작용이다. 면담가구의 이웃과의 접촉활동은 매우 빈번한 것으로 조사되었으며, 한계성 이론의 주장과는 달리 조사대상지역 주민들은 이 같은 상호교호활동을 통하여 도시생활에 필요한 정보를 취득하고 지식을 습득하여 생활상의 위기를 극복하는 것으로 조사되었다.

둘째, 반상회 및 주민조직 활동에서의 참여도 적극적인 것으로 나타났고, 이것은 조사대상지역은 비정규 거주지로서 제도적 보호권역 밖에 있어 점유상태가 불안하여 조직적이고 집단적인 대처가 필요하였고 더불어 주거환경이 조악하고 지역사회시설이 미비하나 정부의 투자를 기대할 수 없어 주민 스스로 개선해 나가지 않으면 안 되었던 것으로 조사되었다.

셋째, 외부적 고립을 측정하기 위하여 외부에 대한 열등의식을 조사한 결과 전혀 열등의식을 느끼지 않고 있었다. 이같이 불량주거지역 주민들이 외부에 대하여 열등의식을 크게 느끼지 않는 것은 ① 우리나라의 불량주거지는 다른 나라의 「빈민촌」과는 달리 도시화 과정에서 다양한 계층에게 값싸고 유용한 주택을 공급해주는 역할을 수행하여 왔다. ② 이에 따라 이들 지역은 빈곤층이나 일탈자 등 사회적 낙오자와 특수집단만이 거주하는 문제지역이란 사회적 편견과 오명을 지니지 않고 있다. ③ 이들 불량주거지는 비록 합법화된 정상주거지는 아니라 하더라도 그동안 주민들의 자조적 노력으로 주택이나 지역사회시설 등 기초적인 주거생활에 큰 불편이 없을 정도로 개선되었다.

넷째, 정보전달매체의 보유상태는 외부에 대한 고립도를 측정해주는 척도가 되며, 면담가구의 정보전달매체는 양호한 것으로 조사되었다. 이것은 조사대상지역 주민들이 도시사회정보에 민감하여 이에 대한 접근 및 접촉이 원활하게 이루어지고 있음을 보여주는 것이다.

다섯째, 조사대상지역 가구자녀들의 교육「서비스」이용현황은 전 도시평균치를 상회하고 있다. 이것은 우리나라 불량거주지역은 빈곤가구임에도 불구하고 부모들의 교육열이 높다는 것과 교육「서비스」등의 활용을 통하여 도시생활에 비교적 잘 적응하고 있으며 한계성 이론의 주장과는 상이한 결과를 보여주고 있다.

2) 문화적 특성

한계성 이론에서 주장하는 문화적 특성에 대한 조사대상지역의 분석결과는 다음과 같다.

첫째, 사회적응과 이동성에 장애요인으로 인식되는 전통적 가족관의 특징의 하나로서 남아선호사상과 다산화 그리고 대가족제도를 들 수 있다. 조사대상지역 가구의 경우는 이러한 특징이 나타나지 않고 있다. 이것은 조사대상지역에 사는 저소득층들이 무조건 아들이나 자녀를 많이 가지려 하지 않고 자신들의 교육능력을 고려하여 출산을 통제하고 있기 때문이다. 자녀교육에 있어서 저소득층이라 할지라도 다른 계층과 비교하여 별 차이를 보이지 않고 있다. 더불어 면담가구의 가족구성은 핵가족의 경우 도시평균에 비하여 높은 수준을 유지하고 있었다. 또한 불량주거지역 주민들의 한계적 특성의 하나로 볼 수 있는 집단지향성 또는 친족에서의 의존성도 매우 낮은 것으로 나타났다.

둘째, 전통적 가치와 행태를 지닌 사람들은 합리적, 과학적 또는 객관적인 사고방식을 지니지 못하고 있으며, 새로운 가치관이나 생활양식에 대하여 매우 폐쇄적이라는 것이 한계성 이론의 주장이다. 그러나 면담가구의 경우 가족계획행태와 질병치료행태에 있어서 이러한 한계적 특성과 달리 합리적이고 새로운 것에 대하여 보다 개방적이고 적극적임을 보여주고 있다.

셋째, 빈곤문화의 대표적 특징의 하나는 부녀자 유기로 인한 가정해체다. 그러나 조사대상지역 주민들은 매우 안정적인 가정생활을 하고 있는 것으로 나타났다. 한편 평택시 서부동의 경우 예외적으로 노인가구의 비율이 높게 나타나고 있으나 이 같은 예외적 현상은 가정해체의 결과라기보다는 이들 지역에 저렴한 주택을 찾아 노동능력을 상실한 저소득층이 집중해 왔기 때문이었다.

넷째, 한계성 이론의 주장은 불량주거지역 주민들은 현재의 결핍상태를 합리적이고 제도화된 방법에 의하여 해결하려 하지 않고 충동적이고 자기 파괴적인 방법에 의하여 해결하려는 경향이 높아 불량거주지역은 범죄 및 각종 사회적 비행의 온상이라는 오해를 받고 있다. 그러나 조사대상지역 가구의 경우 음주, 도박 등 비규범적 행태와 절도, 폭력 등 반규범적 행태가 거의 나타나지 않는 것으로 조사되었다. 이것은 반사회적 비규범적 행태에 관한 인식의 차이나 또는 자신의 행위에 대한 합리화의 속성으로 볼 수 있으나 지금까지 살펴 본 주민들의 합리적이고 현실적인 생활태도, 미래지향적 생활관 등과 일치하고 있으며, 한계성 이론의 주장이 조사대상지역의 경우와는 맞지 않는 것으로 나타났다.

다섯째, 한계성 이론의 주장은 한계적 인간의 대표적인 특징의 하나는 무력감, 절망감 및 비관론이라고 할 수 있으며, 이 같은 성격적 특성을 지닌 개인이나 집단은 보다 나은 내일을 기대하지도 않을 뿐만 아니라 오히려 더욱 악화되리라는 패배주의적 비관론에 빠지게 된다. 그러나 조사대상지역의 10년 후의 생활향상전망에 대한 조사결과에서는 한계적 인간의 대표적 특징의 하나인 무력 감, 절망감 및 패배주의적 비관론이 거의 나타나지 않고 있다.

3) 경제적 특성

한계성 이론에서 주장하는 경제적 특성에 대한 분석결과는 다음과 같이 요약될 수 있다.

첫째, 한계성 이론의 주장은 불량주거지역 주민들이 도시경제에 손실을 끼치고 도시자원을 고갈시키는 가장 큰 원인은 이들이 노동의욕과 능력이 없어 생산 및 경제활동에 참여하지 못하기 때문이다. 그러나 조사대상지역 주민들은 매우 적극적으로 생산 및 경제활동에 참여하고 있는 것으로 조사되었다. 높은 경제활동참가율과 가구원의 취업현황은 조사대상지역 주민들이 생산 및 경제활동을 회피하는 것이 아니라 이들은 낮은 보수와 불안정적인 직업에도 불구하고 경제활동률을 보이고 있다. 더불어 조사대상지역 주민들이 참여하는 취업 분야는 경제적 대가가 적고 작업환경과 조건이 불량하여 도시중산층들이 취업을 회피하는 분야이다.

둘째, 불량주기지역 주민들의 도시경제에서의 기여도는 소비지출 「패턴」에도 나타나고 있다. 이들 소비 「패턴」의 특징은 내부분의 소비지출이 도시의 정상적인 시장 「메커니즘」 내에서 이루어지고 있으며 조사대상지역 주민들이 비록 소득수준은 낮다 하더라도 도시경제에서 무시하지 못할 정도의 소비시장을 제공해 왔음을 보여주고 있다.

셋째, 조사대상지역 가구주와 자녀들의 세대 간 직업적 이동성
도 상향적인 모습으로 변하고 있음을 보여주고 있다.

제2절 도시불량주거지역의 재개발 방향

1. 재개발사업의 현황

불량주거지는 사회의 심각한 주택난 해소뿐만 아니라 이를 통
하여 도시의 수많은 저소득층의 도시생활에 대한 적응과 빈곤으
로부터 탈출을 위한 사회·경제적 지위의 상향발전에 많은 역할
을 해온 것으로 평가되고 있다. 그러나 이러한 긍정적인 역할[1]에
도 불구하고 이들 불량주택지는 거주자의 위생이나 안전의 확보
를 위한 물리적 시행기준을 무시한 채로 건설되었다. 더욱 타인
소유 재산권의 침해 등 기존 법규범을 위반했다는 이유로 발생
초기부터 지금까지 정부의 규제조치를 받아오고 있다. 우리나라
에서 불량주거지역에 대하여 실시한 재개발사업은 다음과 같다.
첫째, 철거이주사업으로 불량주택지구의 문제를 단순히 물리적
인 측면에서만 고려하고 그때까지 발생한 불량주택을 물리적으로
제거시키려는 것으로 단순한 문제해결방법으로 채택한 것이다.
사업방법으로는 기존 불량주택을 철거하여 주민을 새로운 주택단

---

1) 김용웅, "주거지 재개발정책의 변화와 정책적 과제", 「주택」, 통권
   42-43호, 1982, p.85.

지로 이주시키거나 철거된 대지 위에 저렴한 수준의 아파트를 건립하였다.[2] 이러한 철거이주사업은 불량주택을 발생시키는 근본원인에 대한 고려가 없이 집행되었다. 특히 주민의 사회·경제적인 욕구를 도외시함으로써 많은 불량주택을 철거이주시켰음에도 불구하고 여러 가지 문제를 야기시켰고 개별 저소득층에 대한 제반 부담을 가중시키는 결과를 초래하였다.[3]

둘째, 양성화 사업은 철거이주에 따른 주민의 반발과 근본문제 해결의 곤란성에 직면하게 되어 당시의 사회적 정치적 배경을 고려하여 채택한 임시적 조치였다. 사업방법으로는 1966년 12월 31일 이전에 건설된 불량주택 중 주거지로서 적당한 입지와 지형적 조건을 갖춘 지역에 대해 주민자력으로 주택 및 주거환경을 개선하도록 하는 것이다. 양성화 사업은 오늘날 지구 내 공공시설의 개선에 대한 장기적인 계획이 수립되지 않고, 단순히 개별 불량주택의 수리 및 미화에만 치중하여 영구적인 주택지로서 발전하기에는 부족하다는 비난을 받고 있다.

셋째, 현지 개량사업은 양성화 사업이 기초적인 도시계획적 고려도 없이 추진됨으로써 충분한 사업효과를 발휘할 수 없었던 단점을 보완하기 위한 개선책으로 채택한 발전적 사업이다. 사업방법으로는 양성화 사업과는 달리 시에서 지역개발계획을 수립하여 주택개선과 공공시설비의 50~100%를 시비로 지원하였다. 그러나 법적 뒷받침이 없어 주민에게 국공유지의 소유권을 부여하거나 개량된 주택을 합법화시켜주는 데 제약이 있었고 전반적인 시설

---

2) 주택공사, "외국의 재개발사업", 「주택연구 자료」, 나-102, pp.301-312.
3) 서울시, 「주택백서」, 1978. 10, pp.267-273.

수준이 낮아서 영구적 주택지로 발전되는 데는 문제점이 있었다.

넷째, 양성화 및 현지 개량사업은 ① 물리적 수준 면에서 개선의 효과가 미흡하고, ② 무단점유자들에게 합법적인 점유권을 제공하지 못함으로써 막대한 자원의 투입에도 불구하고 이들 주거지가 보다 영구적인 주거지로 개발되지 못하여 왔다. 이러한 판단 아래 이들 문제를 해소할 수 있는 종합적 대책으로 불량주거지 재개발사업을 실시하기에 이르렀다. 지금까지 양성화 및 현지 개량사업은 법적 뒷받침이 없는 행정조치에 불과했으나 새로운 재개발사업은 주택개량을 위한 임시조치법 및 도시재개발법에 의거 추진되었다. 그래서 도시당국은 무단점유주거지 내 국공유지를 무상으로 양수받아 현 점유자에 매각함으로써 무단점유자에게 합법적인 점유권과 재개발되는 주택의 합법성을 제공할 수 있었다. 특히 국공유지의 매각은 도시당국으로 하여금 무단점유주거지의 공공시설의 개량을 위한 재원을 마련할 수 있게 하였다. 주거지 재개발시행방법은 초기에는 기존 주택의 보전·개량을 허용하는 재개발방식과 전면철거 후 개별적 주택의 개축을 허용하는 재개발사업방식을 채택하였다. 이 같은 방식은 충분한 물리적 환경수준 개선이 곤란하다는 이유로 1978년부터는 전면철거 후 집단주거건설만을 허용하는 현재의 주거지 재개발방식으로 변경되었다.

다섯째, 1983년부터 정부는 불량주거지 재개발사업에 따른 여러 가지 문제점을 해소하기 위하여 민주적인 절차에 따라 민간주도로 시행하기 위하여 재개발조합과 투자자(시공자) 공동으로 개발하는 합동재개발방식을 채택하기에 이르렀다.[4]

　그러나 현실적으로 조합의 운영과 조직은 여러 가지 문제점을 갖고 있다. ① 조합원의 의견이 충분히 반영되지 못하고 있으며, 조합원 대다수가 주민조합의 대표성에 대한 불신을 나타내고 있다.5) 또한 조합운영에 있어 조합과 시공자 측 간의 비공개적 관계에 대한 조합원의 불신과 주민조합이 갖는 도시재개발정책을 수행하는 대리인의 역할에 대한 불신 등을 들 수 있다. ② 불량주거지구의 세입자들에 대한 대책문제가 최근 가장 큰 재개발사업의 애로사항으로 나타나고 있다. 재개발지구에 따라 정도의 차이가 있으나 대부분 세입자들은 재개발사업으로 인하여 생활의 터전을 상실하게 된다. 또 그들이 재개발지구를 떠나 다른 지역으로 이주할 경우 주거문제를 해결할 만한 주택이나 주거지역이 주어지지 않는다는 점이다. 조합으로부터 아니면 정부로부터 이주비를 얼마간 보조받는다 해도 그들은 정상주택에 세 들어 살 만한 경제적 능력이 주어져 있지 않은 사람들이 대부분이다. ③ 고층화된 아파트 특히 중앙난방식의 20-45평 규모의 아파트는 원주민인 저소득계층과 영세민들이 유지·관리할 수 없는 규모이다. 이로 인해 전매행위가 성행하고 결국 중·고소득계층이 차지하게 되는 결과를 가져오게 된다. 더욱이 세입자들을 위한 소형임대주택의 건설이나 임차가구에 대한 배려는 재개발사업에 있어서는 거의 고려되지 않은 싱대라 해도 과언은 아니다.

---

4) 하성규, "불량주거지 재개발정책의 발전적 전개를 위한 정책대안", 1988, pp.4-11.
5) 송미원, "불량주택재개발사업에 있어 주민조합에 관한 연구", 이화여자대학교 대학원 석사학위논문, 1987, p.87.

여섯째, 1989년 4월 제정된 「도시저소득층 주민의 주거환경개선을 위한 임시조치법」은 합동재개발방식이 지닌 여러 가지 문제점을 보완하고 주민의사에 따른 현지 개량재개발방식을 구상하고 정부의 자금지원을 골자로 하는 새로운 불량주택재개발 형태의 전환하게 되었다. 그러나 임시조치법이 지닌 불량주택개량사업 시 예상할 수 있는 문제점은 다음과 같다. ① 주거환경개선지구의 지정요건이 보다 구체화될 필요가 있다. 예를 들면 도시미관을 현저히 훼손하는 지구의 구분기준이 모호하고 노후불량건축물의 판정기준이 정확히 제시되지 못하여 행정편의주의적인 지구지정의 가능성이 높다. 보다 구체화된 지구지정 기준제시를 위하여 주택최저기준이 설정이 되어야 할 것이다. ② 합동재개발사업 시 사회문제가 되었던 재개발지구의 세입자를 위한 조치로서 장기임대주택 혹은 영구임대주택을 공급하여 입주시키는 것으로 되어 있다. 그러나 이러한 조치는 강제규정이 아니기 때문에 충분한 공공임대주택이 공급되지 않을 경우 합동재개발시행 시 경험했던 세입자문제가 또 다시 유발될 가능성이 높다. ③ 재개발지구의 도시빈민들의 재개발사업으로 인한 경제적 부담은 주거환경개선사업 시에도 발생될 수밖에 없다. 임시조치법 제13조 1항에 주거환경개선사업으로 소요되는 비용의 일부를 국고 또는 주택건설촉진법에 의하여 설치된 국민주택기금에서 보조하거나 융자할 수 있다고 하지만, 융자금 이외의 부담을 도시빈민들이 스스로 해결하기가 어려운 상황은 예측가능하다. ④ 사업시행자는 주거환경개선사업에 따라 주거환경개선지구 및 그 주변지역의 공공시설의 정비를 우선적으로 추진하도록 하며, 이 경우 국가는 그 소요비용의 일부를 사업시행자에게 보조할 수 있다. 그러나 합동재개발 시행 시에도 나타난 것처럼 공공시설물(도로, 공원 등)의 설치에 있어 국가의 역할이 아직도 미흡하여 그 소요경비의 대부분을 사업시행자가 조달해야 하는 문제점을 지니고 있다. 원칙적으로 재개발지구의 공공시설물·공공재는 정부가 상당부문 책임져야 하는 보다 적극적인 지원방안이 강구되어야 할 것이다.

상기 언급한 문제점이 있다 하더라도 주거환경개선사업은 공동재개발사업이 지닌 여러 가지 문제점을 보완한 제도임은 분명하다. 그러나 이 법이 1999년 12월까지의 한시법으로 제정된 것이기 때문에 장기적 불량주택재개발제도의 방향제시가 미흡하다는 근본적인 문제점을 안고 있다고 평가된다.[6]

2. 재개발사업의 발전방향

서울시에서 불량주택지 재개발정책의 방향을 설정하는 데 있어서 가장 우선시해야 할 것은 우리나라의 불량주택지역은 외국의 슬럼(Slum)과 역사적 배경을 달리하고 있다는 것이다.

우리나라는 슬럼(Slum)이 사회병리의 온상이라는 부정적인 면과는 달리 언제라도 경제적 능력이 향상되면 자신들의 주택을 개량하거나 보나 나은 주거환경으로 이주하기를 바라고 있다. 그리고 교육열도 높고 미래에 대한 적극적인 자세를 갖고 있는 사람들이라는 긍정적인 면과 정부는 불량주거지의 「장소」[7]에만 신경

---

6) 하성규, 「주택정책론」, 서울: 박영사, 1991, pp.582-585.
7) 상게서, p.12.

을 쓰고 대책을 논의했지만 그것에 살고 있는 「사람」에 대해서는 대책을 세우지 못하였다. 그러므로 도시재개발사업은 「장소」뿐 아니라 열악한 주거환경 속에서 살아가고 있는 「사람」의 행태, 의식구조, 지역사회문화, 생계터전 등을 다각적으로 고려하는 재개발정책으로 전환되어야 할 것이다.

1) 종합적 거주지 재개발계획의 수립

장래의 증가되는 주거의 질적 수요충족과 균형 있는 도시개발을 위하여 합법화조치와 병행하여 모든 도시는 도시개발전망, 도시주거문제, 자원동원의 가능성 및 가구의 주거수요의 변동을 고려하여 장기적인 도시재개발계획을 수립하여야 한다.[8] 도시재개발계획은 도시전반적, 사회경제적 요인의 변동과 지구의 특성을 고려하여 철거재개발 일변도의 재개발기법을 지양하고 수복, 개선, 보전 및 거점 철거 등 다양한 재개발기법을 동원토록 하여 불필요한 자원의 손실과 주민의 우선순위와의 마찰 등을 최소화하도록 하여야 한다.

2) 주거환경의 불량도 측정을 위한 기준설정

우리나라는 지금까지 상당수의 도시재개발사업을 실시했음에도 불구하고 불량도를 측정할 수 있는 기준조차 마련되어 있지 못하다. 따라서 불량주거지역을 재개발하는 데 있어서 인간이 기본적으로 누려야 할 주거의 최저기준을 설정할 필요성이 있다. 일반

---

8) 김용웅, 전게논문, pp.93-94.

적으로 불량도의 기준은 주택의 설비, 구조, 설계 등 개별적 주택의 물리적 수준뿐만 아니라 지역사회 내의 공공시설 등 물리적 수준과 시설의 이용 관리상태 및 환경요소까지를 포함한다. 더욱 그 지역사회의 범죄 병리 및 가구의 수입 등 사회경제적 요소까지를 종합적으로 포함하는 기준설정이 요구된다 할 수 있다.[9]

3) 점증적 개량재개발 방안

종합적인 주거지 재개발계획이 수립되면 지구특성에 따라 재개발의 접근방법이 구체적으로 채택되어야 한다. 우리나라의 경우 불량주거지역에 대한 부정적인 면만을 고려하여 철거재개발 일변도의 재개발기법이 우선시 되어왔다. 따라서 다음과 같은 면을 고려하여 다양한 기법이 도입되어야 할 것이다.

첫째, 철거재개발이 갖는 문제점으로 심각하게 대두되는 도시영세민의 자생적, 자발적인 생활터전과 도시빈민촌 문화의 파괴를 들 수 있다. 철거재개발은 물리적 환경 즉, 주택의 고급화, 대형화로 인한 도시영세민의 경제수준을 넘어서는 주거환경개선으로 변화되기 때문에 원주민의 유지, 관리능력을 무시한 재개발이 되기 쉽다. 그러므로 도시영세민의 소득수준과 그들의 생활터전 문화를 보호, 존속시키면서 주거환경을 개선하는 점증적 개량재개발기법으로 선환되이야 할 것이다.[10]

둘째, 철거재개발방법은 비록 불량주택이지만 도시 전체의 주

---

9) 가장 대표적인 불량도 측정기준으로는 미국공중위생협회(APHA)의 불량주거환경측정기준과 일본의 주거개량사업기준 등이 있다.
10) 하성규, 전게서, pp.14-15.

택재고 측면에서 보면 많은 수의 주택을 감소시키는 결과를 가져온다. 주택의 절대수가 부족한 우리의 현실에서 철거재개발로 인한 주택재고의 감소는 결과적으로 도시재정부담과 원주민의 경제적 부담을 증가시키는 결과를 초래한다. 가능한 철거하지 않고 기존의 불량주택을 점증적으로 개량·보수·개축하는 방안이 주택의 절대수 감소를 막는 방안이라 할 수 있다.

셋째, 철거재개발은 일정기간 원주민의 이주·이동을 동반한다. 재개발사업 시행이 늦어질 경우 1년 이상 본래 거주하던 지역을 떠나야 하는 불편과 함께 경제적 부담을 가져다준다. 점증적 개량 재개발 방안을 택함으로써 이러한 불편과 부담을 줄이고 영세민들의 생활터전을 큰 변화 없이 영속시키는 장점을 가지고 있다.

4) 정부의 보조 및 재정투자

불량주택재개발사업은 공공적 성격이 강한 탓으로 민간주도형의 사업형식을 취한다 해도 정부의 보조 및 금융·재정지원이 전제된다. 합동재개발사업의 경우 도시재개발기금 등의 재정적 뒷받침 없이 민간에게 사업비를 전액 충당하게 한 것은 결국 공공적 성격의 사업을 민간에게 전가시킨 결과이다. 정부가 주도적으로 수행해야 할 도시하부시설과 공공 서비스는 정부의 재원으로 충당하되 부족분은 재개발사업으로 혜택을 보는 수혜자 및 사업시행자의 개발이익을 환수하여 투자하는 형태가 바람직하다고 본다.

한편 빈민지역재개발사업은 영리성과 사업성에 기초한 재개발사업이라기보다 사회복지적 성격이 강한 공공주택정책의 범주에 해당된다. 그래서 빈민주거지의 재개발시행은 공공임대주택 혹은

저렴주택(low-cost housing)공급이라는 측면의 국가복지라는 차
원에서 재정의 투입이 따라야 할 것이다.[11]

5) 투기와 신규 무허가건물발생의 방지

불법 무허가주택을 합법화시켜 줌으로 인하여 시장가치의 증진
을 초래하게 되며 따라서 불법무허가주택의 개량 및 재개발사업
은 주택의 상품가치를 높임으로써 주택공간을 단순한 이용가치로
부터 시장가치로 전환시키는 역할을 하기 때문에 많은 경우 저소
득층의 주거환경개선과 직결시키지 못하게 된다.[12] 그러므로 이
같은 재개발사업에선 우선 주택의 상품가치를 크게 높일 수 있는
높은 수준의 물리계획을 지양하여야 하며 구매력이 높은 계층이
개입하지 못하도록 행정적·재정적 규제조치를 하여야 한다. 이
같은 투기의 방지와 함께 무허가주택의 신규발생 또한 철저히 규
제하지 않으면 사회의 정신적 가치혼란을 초래하기 쉽다.

6) 거시적 정책으로의 전환

불량주거지역에 대한 재개발정책은 전국적인 인구정책, 토지이
용정책, 지역 균형개발 등과 같은 거시적 정책의 틀 내에서 진행
되어야 할 것이다.

7) 지방정책 및 지역주민의 억할

중앙정부가 재개발의 세부지침을 정해 전국 모든 도시에 적용

---

11) 상게서, p.588.
12) Rod Burgess, "Informal Sector Housing?", University of London,
   March 9, 1977 참조.

하는 획일적 도시재개발제도는 시대착오적이다. 특히 지방자치제의 도입으로 그 지방에 알맞은 재개발제도의 자율적 채택을 권장해야 할 것이다. 또한 지역사회주민의 참여와 주민주도적 재개발방식의 도입은「주민을 위한 재개발보다 주민과 함께하는 재개발계획」(planning with people, rather than for them)이 보다 민주적인 방식이 될 수 있을 것이다. 재개발의 결과보다는 재개발계획의 수립에서부터 시행에 있어 주민의 참여가 보장되는 민주적절차의 운영이 요청되고 있다.[13]

제3절 정책적 시사점

1. 종합요약

지금까지 연구결과를 종합해서 요약하면 우리나라 불량주거지역 주민들은 대부분 건전한 가치관과 행태적 특징을 지닌 이동성향이 높은 근로계층으로 구성되어 있다.[14] 이들은 주민상호간의

---

13) 하성규, 전게서, p.589.
14) 우리나라 불량주택지 주민의 사회·경제적 이동성은 이들의 이동유형을 보면 더 쉽게 이해할 수 있다. 면담가구원 중 과거로부터 상향이동을 계속해왔고, 앞으로도 계속 생활향상이 기대되는 발전적 낙관형(advancing optimists)이 전체의 36.9%로 가장 높고, 그 다음이 과거에는 상향이동이 없었으나 앞으로는 향상이 기대되는 무변적 낙관형(changeless optimists)으로 22.7%에 달하며 생활의 변화가 없는 무변적 정태형(changeless stationary)은 15.0%에 달하고 있다.
이 같은 이동유형은 발전적 낙관형이 42.0%를 점하는 전국의 일반

유대와 단결심이 강하며 협동적이고 조직적인 방법으로 도시환경에 적응하고 있으며 사회적 격리와 소외의 대상이 되지 않고 있다. 이들은 대부분 농촌출신이고 교육수준이 낮음에도 불구하고 매우 합리적이고 진취적인 산업사회 지향적인 태도를 지니고 있다. 경제적 측면에서는 이 지역주민들은 근면할 뿐만 아니라 풍부한 노동력을 바탕으로 도시의 생산 및 경제활동에 높은 기여를 하고 있다.

이들은 특히 협동적 자조활동을 통하여 지역사회 하부구조 및 공동시설을 건설하여 공공부문의 투자부담을 크게 경감시키는 역할도 하고 있다. 불량주거지역 주민들의 이 같은 긍정적인 특징은 한계성 이론이나 빈곤문화학파의 주장이 우리나라의 경우 타당성이 없고 정책적 근거가 될 수 없음을 나타내는 것이라고 할 수 있다. 불량주거지역 주민들이 퇴폐적이고 비규범적 형태를 지닌 정형적 빈민이나 이탈자로 전락하지 않고 비교적 성공적으로 사회·경제적 통합을 이루고 발전지향적 이동성향을 유지할 수 있는 것은 첫째, 대부분 주민이 농촌지역의 젊고 진취적이고 이동성이 높은 선별적 이주민들로 구성되어 있기 때문이고, 둘째는 급격한 사회적 변화를 경험하는 발전도상국에서는 일반적으로 사회·경제적 측면의 이동경로가 개방되어 있기 때문이다.

이 밖에도 발전도상국의 불량주거지는 그동안 도시저소득층에

가구 유형에 비하여는 상향이동성이 낮고 정대형이 높다고 볼 수 있으나 그 차이가 크지 않다.
이에 대하여는 신환철, 한국인의 삶의 질 대연구, 1981; 국토발전연구원, 자조활동을 통한 도시서비스 연구, 1982 참조.

게 매우 저렴한 거처를 제공해 주고 도시생활의 교습장 및 취업과 도시생활에서의 정보제공처의 역할을 수행해 왔기 때문이라고 할 수 있다.[15) 그러나 지금까지 불량주거지 및 주민들에 대한 잘못된 인식으로 말미암아 이들에 대한 지방당국의 기본적 정책방향은 이들을 물리적으로 제거하는 것이다. 이에 따라 많은 수의 불량주거지는 철거되거나 재개발되고 있다.

이 같은 철거 및 재개발사업은 도시에서 저소득층을 위한 저렴한 주택재고를 감소시키게 되고, 저소득층에게 보호적 생활환경을 제공하는 「커뮤니티」를 와해시키는 결과를 초래한다. 저렴한 주택재고의 감소, 자생적으로 형성된 사회조직의 와해는 이들 지역에 거주하는 저소득층에게 과도한 주거비부담을 강요하고 도시생활 적응능력을 약화시키게 된다. 그러므로 도시저소득층의 생활안정과 향상을 위한 노력에 치명적인 타격을 주는 철거, 재개발정책은 재고되어야 하며, 이를 위해서는 불량주거지역 및 이들 지역주민들의 역할과 특성에 대하여 올바른 인식이 따르지 않으면 안 된다.

---

15) 불량주거지의 역할과 주민특성에 관한 대표적 연구로는, Charles J. Stokes(1962)의 A Theory of Slums, Herbert J. Gans(1962)의 The Urban Villagers, Hohn R. Seely의 Redevelopment: Some Human Gains and Losses 및 J. F. C. Turner 의 Housing by People 등이 있다.

<표 4-1> 한계성 이론과 연구결과 비교

구 분 특 성	한계성 이론	연구 결과
사회적 특성	내부적으로 와해되어 있고 외부적으로 격리 또는 고립되어 있다.	내부적 와해와 외부적 고립현상이 거의 나타나지 않았다.
문화적 특성	전통이나 관습에 대한 지향성이 강하고 새로운 변화나 미래에 대한 신념이 약하며 또한 빈곤이나 결핍상태의 해소에 적극적이지 못하며 일부는 비규범적 반사회적 방법으로 이를 극복하려는 경향이 높다.	전통적 가족관과 개혁 및 미래사회에 대한 폐쇄성이 거의 나타나지 않았으며 또한 가정해체라든가 비규범적 행태도 거의 나타나지 않았다.
경제적 특성	노동의욕과 능력이 없어 생산 및 경제활동에 제대로 참여하지 않으며 경제적 이동성이 결여되어 있어 퇴영적 생활에 빠지기 쉽다는 것이다.	생산 및 경제활동에 매우 적극적으로 참여하고 있으며 경제적 이동성이 이루어지고 있는 것으로 나타남.

2. 정책적 시사점

불량주거지역 주민들이 도시정책에 있어서 기대하고 있는 것을 분석한 결과는 내집마련 또는 현 거주지의 양성화 등과 같은 주거문제를 포함한 재개발정책이고 더불어 취입대책과 같은 생계대책을 바라고 있는 것으로 조사되었다. 따라서 불량주거지역정책의 기본 방향은 이러한 내용을 포함한 다음과 같은 측면이 고려되어야 할 것이다.

1) 취업기회의 확대

불량주거지역 주민을 위한 취업기회의 확대는 빈민을 돕는 가
장 효과적인 방법이다. 대부분의 주민들은 일단 능력은 있으나
적당한 고용기회를 찾을 수 없는 데 대한 그들의 무능력 때문에
빈곤을 유지하고 있다. 이러한 견지에서 취업기회확대는 과거 우
리나라의 노동집약적 수출산업의 발달로 빈민들의 취업기회확대
에 매우 성공적이었다고 할 수 있다. 그러나 우리나라에서 최근
의 경제침체는 주로 경제변동에 민감한 사업활동에 종사하고 있
는 도시불량주거지역 주민들의 수입에 나쁜 영향을 미쳤다. 호경
기에도 상당수의 빈민은 학력이 없고 특별한 기술이 없어 취업전
선에서 낙오되는 경우가 많기 때문에 직업훈련 등으로 이들의 취
업능력을 제고시키는 것이 장기적으로 매우 중요하다. 취로사업
과 같은 방법으로 공공취업 기회를 마련해 줌으로써 단기적으로
주민들의 생계를 안정시키는 방법도 강구되어야 할 것이다.

2) 빈곤의 세습화 방지

빈곤의 세습화를 방지하는 데 특별한 관심이 주어져야 한다.
빈곤층의 자녀들은 경제적인 이유로 정규교육이나 직업훈련기회
가 일반 청소년에 비해 적기 때문에 빈곤이 세습화될 가능성이
높다. 빈곤의 세습화를 방지하는 것이 여러 가지 측면에서 바람
직한 정책목표가 될 수 있다.

첫째, 경제적 측면에서 어린이나 청소년에 대한 투자는 성인과
비교할 때 수익률이 훨씬 높다.

둘째, 새로운 정부에 의해 제안된 '정의사회의 구현'은 빈곤층 자녀에게 교육이나 직업훈련에서 균등한 기회를 보장함으로써 달성될 수 있다.

셋째, 빈곤의 세습화를 방지하여 '빈곤문화'형성을 사전에 예방한다는 것은 앞으로 빈곤층과 관련된 각종 사회문제발생의 소지를 미리 근절하는 효과를 낼 수 있다. 빈곤의 세습화를 방지하기 위해서는 빈곤층 자녀를 대상으로 각종 장학금 제도가 확대 실시되어야 할 것이며, 이와 아울러 취약지역에서의 의료시설 및 학교급식의 확대로 이들의 건강상태를 개선하고 전문적 상담을 통하여 비행청소년을 선도하여야 할 것이다.

3) 자립기반조성

근로능력이 있는 영세민에 대해서는 가급적 이들의 취업능력을 제고시킬 수 있는 대책을 수립함으로써 선진국과 같은 '복지사회'에서 발생할 수 있는 정부에 대한 지나친 의타심을 막도록 하여야 할 것이다. 이를 위해서는 성인 저소득층에게 적당한 단기직업훈련의 실시도 중요하겠지만 이보다 더 중요한 것은 이들과 고용자를 효과적으로 연결시켜 줄 수 있는 직업소개소를 설치하는 것이다. 또한 상당수의 영세민이 자영업에 종사하고 있다는 사실로 미루어 생업자금지원 등 이들을 위한 대책도 아울러 강구되어야 할 것이다.

4) 취업무능력자 대책

질병, 노령, 가사 등의 이유로 취업할 수 없는 계층의 생계는 국가에서 생활보호사업과 사회복지시설의 효율적 운영으로 보호하여 주어야 할 것이다. 특히 산업화와 핵가족화로 이러한 계층이 상대적으로 증가할 가능성이 높기 때문에 이에 대한 정부의 재정도 점차 확대되어야 할 것이다.

3. 연구과제

우리나라 도시정책상 불량주거지역의 문제를 해소하기 위해서는 앞으로 다음과 같은 과제들이 계속 연구되는 것이 바람직하다.

(1) 도시불량주거지역 주민들의 평균수입이 농촌빈민들의 수입보다 높다 할지라도 불량주거지역 주민들은 도시 「엘리트」들과의 접촉을 통해 상대빈곤의식을 느낀다. 따라서 이러한 도시 내 계층 간 갈등을 해소하기 위한 방안은 무엇인가?

(2) 불량주거지역 주민들은 몇몇 특정한 불량주거지역에 집중되어 있기 때문에 사회가 불안정한 경우 이들은 불순세력에 의해 쉽게 선동의 대상이 될 가능성이 높다. 이러한 불량주거지역 주민들을 제도권 안에 흡수할 수 있는 전략개발은 무엇인가?

(3) 복지사회건설을 정부정책의 주요 목표로 설정한 현 시점에서 불량주거지역 주민을 위한 적극적이고, 근본적인 복지계획의 프로그램은 어떻게 할 것인가?

(4) 핵가족화 현상이 급속히 진행되고 있어 친척 및 이웃 간에 상부상조하는 풍토가 점차 희박하게 되어가고 있기 때문에 질병, 노령, 무지 등의 여러 가지 이유로 가난하게 된 계층을 위

한 프로그램개발을 어떻게 할 것인가?

(5) 불량주거지역 주민을 위해 실시된 현재의 정책은 구체적으로 직업이나 부업알선과 관계되는 취업대책, 무허가지역의 철거와 재개발에 관련된 주택정책, 영세민의 자녀교육 지원을 보장하는 교육정책 그리고 생활지원정책과 환경개선책 등 단편적인 정책을 유기적이고 종합적인 정책 프로그램으로 어떻게 개발해 갈 것인가?

(6) 우리나라에 적합한 불량주거지역내의 지역주민의 형성요인과 그 대책에 관한 연구를 위해서는 이미 서구 및 제3세계 자본주의 이행과정과 같은 일반적인 역사법칙에 의해 규정되면서도 이 사회가 겪은 특수한 역사적 경험에 의한 여러 조건에 입각하여 분석되어야 하기 때문에 불량주거지역 주민에 대한 폭넓은 역사적 접근이 필요해지며 이와 같은 고찰에 있어서는 사회구조와 계층 및 정치·경제적 측면을 포함한 심층분석을 해야 함은 물론 역사의 변화에 가장 영향을 많이 주는 이데올로기가 어떤 것인가에 대한 연구가 이루어져야 할 것이다.

(7) 복합적이고 역동적인 우리나라 불량주거지역의 문제를 밝히고 해결하려는 노력은 사회과학 각 부문의 개별적인 연구의 결과로서 이루어진다기보다는 포괄적인 실제적 연구를 통해서 가능해진다고 볼 때 앞으로 실제적 공동연구에 대한 노력이 요구된다고 하겠다.

제5장 결 론

　본 연구에서는 우리나라 불량주거지역 주민의 특성을 한계성 이론을 기초로 하여 고찰하였다. 도시불량주거지역은 토지가 주거지역으로서의 조건을 갖추지 못하고 있을 뿐만 아니라 용도가 항상 불명확하였고 생활에 필요한 최저 주거조건을 갖추지 못해 토지 및 주택의 물리적 조건이 쇠락되어 있고 그 지역에 거주하는 인구는 불안정한 직업계층에 있고 주로 비숙련공 내지 단순노동자들이다.

　또 한편 한계성 이론에 따르면 도시불량주거지역 주민들은 대부분 농촌출신이거나 소수민족 또는 빈곤층들로서 도시의 산업사회 가치관 및 생활태도를 제대로 수용하지 못하기 때문에 사회 및 경제활동으로부터 소외되고 심리적으로 좌절과 절망감 속에서 여러 가지 사회적·정치적 문제를 야기시키는 것으로 알려지고 있다.

　그러나 우리나라 불량주거지역은 토지를 포함한 물리적인 시설은 정상적인 주거생활을 하기에는 적당하지 못하지만 불량주거지역 주민들은 한계성 이론의 주장과 달리 급격한 도시화로 인한 주로 몰락농민 또는 이촌농민의 전입자로서 학력과 기술부족에 따른 임금의 격차, 실업, 열악한 생활환경 그리고 사회보장의 미비에도 불구하고 오히려 이들은 합리적이고 진취적인 산업사회지향적 태도를 지니고, 사회변화에 적응하려는 생산적 노동층으로서 도시의 생산 및 경제활동에 높은 기여를 하고 있다. 따라서 우리나라의 불량주거지역을 도시미관을 해치는 암적 존재요, 불법을 자행하는 집단의 주거지라는 부정적인 편견에서 벗어나 다양하게 접근시켜 나아가야 할 것이다. 특히 우리나라 수도권의 경우 심각한 주택부족에 비추어 불량주거지역은 주택문제를 해결해주는 장소로서의 역할과 저소득층에게 비추어 불량주거지역은 주택문제를 해결해주는 장소로서의 역할과 저소득층에게 저렴한 거처를 제공해 주고 도시생활의 교습장 및 취업을 위한 도시생활에서의 정보 제공처로서의 역할을 수행해주는 긍정적인 면을 간과해서는 안 될 것이다.

그러나 우리나라의 불량주거지역에 대한 재개발정책은 불량주거지역 주민들의 사회생태학적 분석과 이해 없이 단순히 물리적인 측면에서만 고려하고 그때까지 발생한 불량주택을 물리적으로 제거시키려는 철거이주사업을 실시하였다. 따라서 불량주거지역에 대한 재개발정책은 본 연구에서 밝혀진 불량주거지역의 특성에 대한 올바른 인식이 뒤따라야 할 것이다.

이러한 올바른 인식을 바탕으로 하여 본 연구자는 재개발정책의 방향을 고찰해 보았다. 위에서 제시한 재개발정책의 방안은 만병통치약이 아니므로 많은 논란의 여지가 있으며 그 내용을 수정, 보완해야 할 필요성을 느끼며, 본 연구에서 간과해 버린 것으로는 주민들을 위한 복지정책과 같은 다양하고 깊이 있는 정책 프로그램이다.

마지막으로 불량주거지역에 대한 일련의 정책으로 도시로 몰려든 이농민들의 삶의 수준을 높이고 주거환경을 개량해 주는 것은 도시와 농촌 간 혜택의 불균형을 야기시키고 사람들의 사행심을 조장하게 되어 고밀도의 도시와 황폐화되고 있는 농촌이라는 지역 간 격차를 가속화시켜 결과적으로 자원의 불합리한 이용을 유발할 가능성이 있음을 지적하고자 하며 또한 불량주거지역의 문제는 동서와 고금을 막론하고 인간사회가 당면하고 있는 가장 심각한 문제의 하나로서 불량주거지역 정책의 기본 목표는 빈곤의 근절보다는 점진적 해소에 두어야 할 것이다. 빈곤의 점진적 해소는 국민생활의 평준화라는 기본 방향 아래에서 성장과 조화되는 적정한 분배정책을 씀으로써 어느 정도 해결이 가능할 것이다.

참고문헌

◎ 국내문헌

Ⅰ. 서 적

姜大基,「現代都市論」, 서울: 民音社, 1987.

康炳基,「都市論」, 서울: 法文社, 1982.

權五勳,「社會問題論」, 서울: 普成文化社, 1984.

金璟東,「現代의 社會學」, 서울: 博英社, 1983.

金基玉,「지방자치와 도시정책」, 서울: 博文閣, 1989.

------,「中心都市開發論」, 서울: 大旺社, 1986.

金南宣 편저,「地域社會開發論」, Edwards, A. D. and Jones, D.
　　　G. 著, 서울: 螢雪出版社, 1987.

金世烈,「地域開發과 地域社會開發」, 서울: 創學社, 1986.

金洙郁 外 4人譯,「地域分析의 理論과 實際」, Rondinelli, Dennis A.
　　　編著, 서울: 汎論社, 1989.

金安濟,「環境과 國土」, 서울: 博英社, 1982.

金英模,「地域開發學 槪論」, 서울: 綠苑出板社, 1988.

------,「都市學槪論」, 서울: 檀國大學校附設地域研究所, 1990.

金泳模,「現代社會問題論」, 서울: 韓國福祉政策研究所, 1982.

김영석, 「한국사회성격과 도시빈민운동」, 서울: 아침, 1989.

金永鎭, 「不動産學總論」, 서울: 경영문화원, 1980.

金 源, 「都市行政論」, 서울: 博英社, 1983.

------, 「都市定策論」, 서울: 경영문화원, 1986.

------譯, 「都市管理論」, 로버트 W. 풀著, 서울: 法文社, 1983.

金裕赫, 「世界의 都市시스템」, 山口岳志 編, 서울: 鮮一文化社, 1988.

------, 「風土와 人間生活」, 서울: 法經出版社, 1991.

金儀遠, 「韓國國土開發史硏究」, 서울: 大學圖書, 1983.

金 仁, 「現代人文地理學」, 서울: 法文社, 1988.

金鍾基 外, 「貧困의 實態와 零細民 對策」, 서울: 韓國開發硏究院, 1981.

金鍾表, 「新地方行政論」, 서울: 法文社, 1991.

김한준, 「현대도시문제의 이해」, 서울: 한길사, 1989.

金玄操·金石勳 共譯, 「都市社會學」, R. A. Wilson, D. A. Schulz
　　　共著, 서울: 經進社, 1987.

金炯國, 「國土開發의 理論硏究」, 서울: 博英社, 1985.

------編著, 「불량촌과 재개발」, 서울: 나남, 1986.

金洪南, 「都市計劃」, 서울: 螢雪出版社, 1989.

盧隆熙, 「新都市開發論」, 서울: 博英社, 1982.

------, 「環境과 都市」, 서울: 綠苑出版社, 1986.

------, 「韓國의 地方自治」, 서울: 綠苑出版社, 1987.

------譯, 「開發途上國의 都市化政策」, 버트란드르노 著, 서울: 法
　　　文社, 1986.

盧椿熙 編著, 「都市再開發」, 서울: 경영문화원, 1986.

――――――, 「都市學槪論」, 서울: 螢雪出版社, 1987.

――――――, 「都市行政總論」, 서울: 螢雪出版社, 1989.

農村開發硏究會 편, 「農村開發論」, 서울: 螢雪出版社. 1988.

大韓國土・都市計劃學會 編著, 「都市計劃論」, 서울: 螢雪出版社, 1991.

―――――――――――――――――――――, 「地域計劃論」, 서울: 螢雪出版社, 1991.

文石南 譯, 「都市體系論」, L. S. Bourne 著, 서울, 1987.

朴東緒, 「韓國行政論」, 서울: 法文社, 1984.

朴西浩 外 7人著, 「地域發展論」, 서울: 綠苑出版社, 1988.

朴文玉, 「行政學」, 서울: 博永社, 1988.

朴仁鎬, 「地方發展政策論」, 서울: 集文堂, 1985.

朴洪立, 「微視經濟學」, 서울: 博英社, 1985.

邊時敏, 「社會政策論」, 서울: 博英社, 1983.

石琮顯, 「新土地公法論」, 서울: 經進社, 1985.

孫禎睦, 「韓國現代都市의 발자취」, 서울: 一志社, 1989.

申大淳, 「韓國地域社會開發論」, 서울: 世英社, 1981.

申芳雄, 「都市計劃學」, 서울: 韓國理工學社, 1983.

申允杓, 「開發行政論」, 서울: 大旺社, 1987.

申義淳, 「資源經濟學」, 서울: 博英社, 1988.

申鍾浩・李文鍾 감수, 「都市環境計劃」, 서울: 기술문화사, 1989.

―――――――――――――――, 「都市環境計劃」, 서울: 기술문화사,

1989.

安泰煥 譯, 「地域社會學」, 제시버나드 著, 서울: 博英社, 1988.

元濟戊, 「都市交通論」, 서울: 博英社, 1988.

柳海雄, 「土地問題와 所有權」, 水本浩 著, 서울: 汎論社, 1985.

尹定燮 譯, 「新都市計劃」, A. J. Catanese and J. C. Synder, 서울: 技文堂, 1986.

尹定燮 譯, 「都市計劃」, 서울: 文運堂, 1986.

李東根, 「日本都市再開發의 實際」, 藤田邦昭 著, 서울: 명보문화사, 1989.

李載崇, 「新都市計劃」, Hubert Bennett, 서울: 明寶文化社, 1989.

張相姬・洪東植 共譯, 「社會統計學」, G. W. Bohrnstedt and D. Knoke, 서울: 博英社, 1984.

최병두 옮김, 「사회정의와 도시」, 데이비드 하비 지음, 서울: 종로서적, 1983.

최병두・한지연 편역, 「자본주의 도시화와 도시계획」, 서울: 한울아카데미, 1989.

崔相哲, 「韓國都市開發論」, 서울: 一志社, 1986.

崔相哲・林成洙 譯, 「第3世界의 地域開發」, 長峯晴夫 著, 서울: 裕豊出版社, 1988.

崔在善, 「地域經濟論」, 서울: 法文社, 1987.

崔昌煥・徐義澤 譯, 「都市環境의 美」, LAWRENCE. HALPRIN 著, 서울: 명보문화사, 1986.

崔昌浩, 「地域社會開發行政論」, 서울: 三英社, 1984.

韓垣澤, 「都市開發體系論」, 서울: 大旺社, 1987.

許在榮, 「國土開發論」, 서울: 예일문화사, 1986.

洪慶姬, 「都市地理學」, 서울: 法文社, 1988.

──────, 「都市·村落調査法」, 서울: 法文社, 1987.

洪起容, 「地域經濟論」, 서울: 博英社, 1985.

────── 編著, 「都市貧困의 實態와 政策」, 서울: 檀大出版部, 1986.

河晟奎, 「住宅政策論」, 서울: 博英社, 1992.

황명찬, 「한국의 토지와 주택」, 서울: 法文社, 1989.

──────, 「地域開發論」, 서울: 경영문화원, 1986.

──────, 「土地政策論」, 서울: 경영문화원, 1985.

──────, 「住宅政策論」, 서울: 경영문화원, 1985.

黃鏞周, 「都市計劃原論」, 서울: 綠苑, 1988.

──────, 「都市學辭典」, 서울: 綠苑出版社, 1988.

經濟科學審議會, 「絶對貧困層의 對策에 관한 硏究」, 1981.

國土開發硏究院, 「都市再開發事業의 評價 및 分析研究」, 1983.

───────────────, 「80年代 韓國住宅政策의 成果와 課題研究」, 1987.

───────────────, 「도시빈곤층 대책에 관한 연구」, 1989.

大韓國土計劃學會·日本都市計劃學會, 「韓·日 都市再開發의 經驗과 問題」, 1987.

大韓民國政府, 「제5차 經濟社會發展 5個年計劃: 住居, 都市 및 土

地部門計劃」, 1982.

서울大學校 行政大學院 行政調査研究所, 「零細民實態調査와 政策
　　　方向에 관한 硏究」, 1982.

서울大學校 環境大學院, 「서울시 不良住宅地區의 住居實態 및 어
　　　린이문제에 관한 硏究」, 1980.

피어선 대학 附設 社會福祉硏究所, 「地方自治制와 平澤市 地域福
　　　祉모델에 관한 硏究」, 1989.

피어선 대학, 「平澤市 通伏川 整備計劃硏究」, 1989.

II. 논 문

권이구·최협, "서울시 판자촌의 인류학적 조사", 「형성」, 제4권,
　　　1970.

권태준, "상계동 사태의 전말: 상계동 세입자에서 명동성당 천막
　　　민까지", 천주교 서울대교구 도시빈민사목위원회, 1988.

김광억, "貧困文化와 제3세계", 「현상과 인식」, 통권 23호, 1982.

김광억·최일섭, "韓國社會에 있어서 貧困問題研究의 成果와 課題",
　　　「社會科學政策研究」, 第4卷 第2號, 1982.

金成勳, "都市再開發事業의 妥當性 評價技法에 관한 硏究", 「住宅」,
　　　제44호, 1983.

金泳模, "貧民地域의 社會生態學的 考察", 「都市問題」, 1971.

金泳模·元奭朝·黃珉洙, "韓國貧困政策에 관한 硏究", 「社會政策
　　　研究」, 第1輯, 韓國福祉政策研究所, 1982.

金容雄, "都市再開發의 槪念的 考察", 「住宅」, 제39호, 1980.

──────, "住居地 再開發 政策의 變化와 政策的 課題", 「주택통권」,
    42-43, 1982.

金恩實, "韓國都市貧困의 性格에 관한 研究", 서울大學校 人類學
    科 碩士學位論文, 1983.

金一鐵, "인도네시아의 人口構造와 貧困問題", 서울大學校 社會科
    學研究所 「社會科學과 政策研究」, 제4권 제1호, 1982.

金貞子, "難農民의 都市生活研究", 梨花女子大學校 碩士學位論文,
    1966.

金鍾基, "우리나라 零細民의 地域的 分布特性과 原因", 韓國開發
    研究院, 第3卷, 第14號, 韓國開發研究所, 1981.

김형국, "상계동사태의 전말: 상계동 세입자에서 명동성당 천막인
    까지", 천주교 서울대교구 도시빈민사목위원회, 1988.

노창섭, "都市「슬럼」地域의 社會的 性格", 「梨大論叢」第10輯, 1967.

朴秀永·金容雄, "都市不良住居地 住民의 限界的 特性", 「國土研究」,
    第3卷, 1983.

朴英淑, "都心地 貧民은 어떻게 살아가는가", 「韓國社會研究」, 1982.

徐相穆, "貧困人口의 推計와 속성연구", 韓國開發研究院, 「韓國開
    發研究院」, 第1卷 第2號, 1979.

──────, "우리나라 貧困의 決定要因", 한국개발연구원, 1979.

孫晟太, "우리나라 都市再開發의 當面課題", 「立法調査月報」, 10월,
    1981.

宋英爕, "우리나라 都市再開發의 基本方向", 「住宅」, 제40호, 1981.

신완철, "都市貧民地域의 社會病理現象에 관한 考察", 「住宅」, 제

44호, 1983.

尹定燮, “서울市 再開發計劃案에 對한 特性分析研究”, 「國土計劃」, 第15卷 通卷 32號, 1980.

尹鍾周, “서울시 出生力 및 移入人口에 관한 研究”, 서울女子大學, 1970.

李雨榮, “不良住宅地區 再開發事業의 現況과 問題點”, 「都市問題」, 1975.

李璋鉉, “韓國社會에 있어서의 靑少年 逸脫行爲에 관한 社會學的 分析”, 이화여자대학교 한국문화연구원, 1978.

李廷植, “都市貧困層의 社會經濟的 실태와 대책”, 「都市問題」, 1982.

李在龍, “都市不良住宅地區內 住民屬性이 再開發事業實施에 미치는 影響”, 「都市問題」, 1982.

李重雨, “都市再開發政策의 構成要因과 開發方向”, 「住宅」, 제44호, 1983.

李昌洙, “都市再開發事業에 관한 住民意識調査”, 韓南大學校 碩士 學位論文, 1987.

李采性, “都市再開發事業이란 무엇인가(Ⅰ)”, 「주택연구」, 1982.

李兌一, “都市再開發의 再認識”, 국토개발원 뉴스레터, 1985.

李賢珠, “도시재개발지역 사회행동에 관한 비교사례연구”, 서울大學校 碩士學位論文, 1989.

李效再・李東緩, “都市貧民家族問題 및 家族計劃에 관한 研究”, 梨花女子大學 女性資源開發研究所, 1972.

林京淑, “서울시 貧民地域住民의 生活實態 및 限界的 特性에 관

한 硏究", 서울大學校 環境大學院 碩士學位論文, 1986.

任昌福, "韓國低所得者 住宅改良을 위한 戰略", 「國土計劃」, 第19
    卷 第2號, 1984.

任熺燮·洪承稷, "韓國에 있어서의 貧困問題", 「韓國社會開發硏究」
    Ⅰ, 高大 亞細亞問題硏究所, 1979.

張聖浚, "서울市 低所得者 住宅의 形態的 特性", 「國土計劃」, 第19
    卷 通卷 第41號, 1984.

張正旻, "우리나라 都市再開發政策에 관한 小考", 「地域硏究」, 第
    516輯, 1984.

──────, "不良住宅地域 住民을 위한 再開發政策의 方向設定에 관
    한 硏究", 地域福祉政策學會 「地域福祉硏究」, 第4輯, 1990.

──────, "都市不良住宅地區 再開發事業計劃에 대한 分析評價",
    檀國大學校碩士學位論文, 1984.

全炳成, "都市貧困層의 意識構造와 社會的 行態에 관한 실증적
    연구", 서울大學校環境大學院 碩士學位論文, 1985.

趙正濟, "不良住宅 改·補修의 經濟的 妥當性 分析模型", 「住宅」,
    제43호, 1983.

曺興植, "都市貧民에 대한 社會的 對應策", 「한국사회복지학」, 통
    권 제14호, 1989.

──────, "韓國都市貧民硏究의 現況과 社會福祉學的 課題", 社會
    福祉硏究會, 「社會福祉硏究創刊號」, 1989.

朱鍾元, "無許可 住宅 改良事業의 現況과 問題點", 「都市問題」, 1975.

──────, "서울시 不良住宅地區改善에 관한 硏究", 「國土計劃」, 제

19권 제1호, 1984.

------, "韓國 低所得者 住宅을 위한 住宅政策의 發展", 「國土計劃」, 第19卷 第2號, 1984.

崔相哲·藩錦煥 編譯, "外國의 不良 및 無許可 建物의 問題와 對策", 「都市問題」, 1981.

최원규, "도시빈민의 형성과정", 한국사회복지학회, 「한국사회복지학」, 통권 제14호, 1989.

崔璨煥, "都市再開發의 立體換地에 관한 研究", 서울시립대학 부설 수도권연구소 제9집, 1981.

河晟奎, "不良住居地 再開發政策의 發展的 開發을 위한 政策代案", 천주교서울대교구 도시빈민사목위원회, 1988.

黃明燦, "都市再開發事業의 經濟的 妥當性", 「都市問題」, 1982.

------, "都市非公式部門의 意義와 重要性", 「都市問題」, 1982.

黃仁喆·柳南榮, "빈민들의 주거형편에 대한 법적지위: 도시재개발과 세입자의 권리", 천주교서울대교구 도시빈민사목위원회, 1988.

III. 기 타

經濟企劃院, 「韓國의 社會指標」, 1982, 1984.

----------, 「社會統計調査」, 1981.

----------, 「韓國統計月報」, 1985.

----------, 「韓國統計年鑑」, 各 年度.

----------, 「80人口 및 住宅센서스」, 1980.

內務部,「韓國都市年鑑」, 各 年度.

農水産部,「農林統計年報」, 各 年度.

保健社會部 社會局,「生活保護對象者集計表」, 各 年度.

平澤市,「평택통계연보」, 1989.

――――――,「都市行政統計資料」, 1989.

――――――,「平澤都市計劃再整備」, 1989.

◎ 외국문헌

Ⅰ. 일본문헌

岩田規久男,「土地と住宅の經濟學」, 東京: 日本經濟新聞社, 1979.

森喜一,「都市の貧困」, 東京: 三一新書, 1958.

戶所隆,「都市空間の立體化」, 東京: 古今書院, 1986.

脇田武光,「都市土地經濟論」, 東京: 大明堂, 1979.

田德衛,「現代都市論」, 東京: 東京出版部, 1981.

磯村英一,「都市政策」, 東京: 學陽書房, 1975.

大久保昌一,「地價と都市計劃」, 東京: 學藝出版社, 1983.

飯田請悅郎,「土地の經濟論」, 東京: 中央公論社, 1974.

田中啓一,「現代都市經濟論」, 東京: 有斐閣, 1983.

日本都市學會,「都市問題の國際化・活性化」, 東京: きようせい, 1986.

水口憲人,「現代都市の行政と政治」, 東京: 講談社, 1984.

田村明, 「現代都市と土地問題」, 「シユリスト 特集」, 土地問題, 東京: 有斐閣, 1971.

山村悅夫, 「地域均衡發展論」, 東京: 大明堂, 1977.

早川和男, 「空間價值論」, 東京: 草書房, 1980.

大沼盛男・池田均・小田淸 編著, 「地域開發政策の課題」, 東京: 大明堂, 1982.

江澤・金子敬生 編集, 「地域政策 計劃과 適用」, 東京: 草書房, 1984.

堀口健治 著, 「土地資本論」, 東京: 農林統計協會, 1984.

國土廳計劃・調整局 編集, 「社會的サヒスト地域政策」, 東京: きようせい, 1981.

成田二郞, 「地域開發の理論と實際」, 東京: 第一法規, 1979.

II. 영미문헌

1) Books

Abrahamson, Mark, Urban Sociology, London: Prentice-Hall, 1976.

Alonso, William, Location and Land Use, Honolulu: East-West Center, 1966.

Andrews, Richard B., Urban Land Economics and Public Policy, New York: The Free Press, 1971.

Bardo, John W. and Hartman, John J., Urban Sociology, New York: F. E. Peacock, 1982.

Batey, PWJ., Theory and Method in Urban and Regional Analysis, London: Pion, 1978.

Bendavid, Avrom, Regional Economic Analysis, New York: Praeger, 1974.

Bourne, L. S. et. al., Urbanization and Settlement Systems, London: Oxford University Press, 1984.

Breese, Gerald, Urbanization in Newly Developing Countries, New Jersy: Prentice-Hall, 1966.

Burke, Gerald, Towns in the Marking, London: Edward Arnold, 1977.

Calhoun, John B., Population Density and Social pathology, in L. J. Duhled., The Urban Condition, Simon and Schuster, 1963.

Catanese, Anthony J. and Snyder, James C., Introduction to Urban Planning, New York: McGraw Hill, 1979.

Chapin, F. Stuart et. al., Urban Land Use Planning, University of Illinois Press, 1979.

Clinard, Marshall B., Slums and Community Development, Experiment in Self-Helf, New York: The Free Press, N. Y., 1966.

Cousins, Albert N and Nagapaul, Hans, Urban Life, New York: John Wiley & Sons, 1979.

Cripps, E. L., Regional Science, London: Pion, 1975.

Dentler, Robert A., Urban Problems, Chicago: Rand McNally, 1977.

Eisner, Gallion, The Urban pattern, New York: D. Van Nostrand, 1980.

Funck, R., Recent Developments in Regional Science, London:

Poin, 1972.

Gibson, Michael S. and Langstaff, Michael J., <u>An Introduction to Urban Renewal</u>, London: Hutchinson, 1982.

Gilbert, Alal and Gugler, Josef, <u>Cities, Poverty, and Development</u>, London: Oxford University Press, 1982.

Gilllespie, A., <u>Technical Change and Regional Development</u>, London: Poon, 1983.

Gist Noel P. and Halbert, L. A., <u>Urban Society</u>, N. Y.: Thomas Y. Crowell Co., 1964.

Glasson, John, <u>An Introduction to Regional Planning</u>, London: Hutchinson, 1974.

Goldberg, Michael and Chinloy, Petter, <u>Urban Land Economics</u>, New York: John Wiley & Sons, 1984.

Goodal, Brian., <u>The Economics of Urban Areas</u>, Oxford: Pergamon Press, 1972.

Healey, Patsy et. al., <u>Planning Theory</u>, Oxford: Pergamon, 1982.

Heilbrun, James, <u>Urban Economics and Public Policy</u>, New York: ST. Martin's Press, 1981.

Hoover, Edgar M. and Giarratani, Frank, <u>An Introduction Regional Economics</u>, New York: Alfred A Knopf, 1984.

Hudson, R. and Lewis, J. R., <u>Regional Planning in Europe</u>, London: poin, 1982.

Hunter, David, <u>The Slums</u>, New York: The Free Press, 1964.

Kim, Yoo-Hyuk et. al., <u>Regional Development Planning,</u> Seoul: Shinyang, 1981.

Ley, David, <u>A Social Geography of the City,</u> New York: harper & Row, 1983.

Lichfield, Nathaniel and Haim, Drain-Drabkin, <u>Land Policy in Planning,</u> London: George Allen & Unwin, 1980.

Lim, William, <u>Equity and Urban Environment in the Third World,</u> Singapore: New Art Printing Co., 1975.

Llyord, Peter, <u>Slums of Hope,</u> London: Penguin, 1979.

Lowry, Ira S., <u>Seven Model of Urban Development,</u> New York: MacMillan Press, 1972.

Maclennan, Duncan, <u>Housing Economics,</u> New York: Longman, 1982.

Marshall, Alfred, <u>Principles of Economics,</u> London: Mcmillan Press, 1972.

Mills, Edwin S. and Hamilton, Bruce W., <u>Urban Economics,</u> New York: Scott, Foresman and Campany, 1984.

Morgan, N, J. et. al., <u>Income and Welfare in the United States,</u> N. Y.: McGraw Hill Co., 1962.

Moseley, Malcolm J., <u>Growth in Centers in Spatial Planning,</u> Oxford: Pergamon, 1974.

Pacione, Michael, <u>Progress in Industrial Geography,</u> London: Croom helm, 1985.

Paris, Chris, Critical Readings in Planning Theory, Oxford: Pergamon, 1982.

Perlman, Janice E., The Myth of Marginality, University of California Press, 1976.

Rapoport, Amos, Human Aspects of Urban Form, Oxford: Pergamon, 1977.

Ravetz, Alison, Remaking Cities, London: Croom Helm, 1980.

Ratcliffe, John, An Introduction to Town and Country Planning, London: Hutchinson, 1974.

Renaud, Bertrand, National Urbanization Policy in Developing Countries, London: Oxford University Press, 1981.

Richardson, Harry W., Urdan Economics, Illionis: The Drydon Press, 1978.

Riemer, Svend, The Modern City, N. J.: Prentice-Hall, 1952.

Roberts, Margaret, An Introduction to Town Planning Techniques, London: Hutchinson, 1980.

Robinson, Ray, Housing Economics and Public Policy, London: Macmillan Press, 1979.

Rothenberg, Jerome, Economic Evaluation of Urban Renewal, Washington, D.C.: The Brookings Institution, 1969.

Rothenberg, Jerome, The City: Problems of Planning, Baltimore: Penguin, 1974.

Roberts, Bryan, Cities of Peasants, London: Edward Arnold, 1978.

Sherrard, Thomas D., Social Welfare and Problems, N. Y.: N. C. S. W., 1968.

Smith, Wallace F. Urban Development, University of California Press, 1980.

Solesbury W, Policy in Urban Planning, Oxford: Pergamon, 1974.

Townsend, Peter, Poverty in United Kingdom, London: Penguin, 1983.

Turner, J. F., C., Housing by People, London: Boyars, 1976.

Vanhove, Norbert and Klaassen, Leo H., Regional Policy, Rotterdam, Saxon House, 1980.

Wilson, A. G., Patterns and Processes in Urban and Regional Systems, London: Pion, 1972.

Walker, Bruce, Welfare Economics and Urdan Problems, London: Hutchinson, 1981.

2) Papers

Abrams, C., "Squatting and Squatters", in J. Abu-Lughod and R. Hay Jr.(eds), Third World Urbanization, Chicago: Maroufa Press, 1977.

Lewis, Oscar, "The Culture of Poverty", In John J. Tepaske and Sydney N. Fisher(eds.), Explosive Forces in Latin America, Colombia: Ohio State University Press, 1964.

------, "A Puerto Rican Boy", In Culture, Change, Mental, Health and Poverty, ed. by J. C. Finney, N. Y. Simon and

Schuster, 1964.

Mazumber, Dipak, "The Urban Informal Sector", World Bank Staff Working Paper, No.211, 1975.

McGee, T., "Urbanization, Housing and Hawkers: the Context for Development", in Murison, H. S. and Lea, J. P., Housing In Third World Countries, London: Macmiian, 1979.

Nelson, Joan, "The Urban Poor: Disruption or Political in Tegration in Third World Cities?" John Friedmann and William Alonso ed., Regional Policy: Readings in Theory and Applications, The MIT Press, 1975.

Rothenberg, J., "Elimnation of Blight and Slums", The City, Problems of Planning, Baltimore: Penquin, 1974.

Rothenberg, Jerome., "The Nature of Redevelopment Benefits", Readings in Urdan Economics, Macmillan Publishing Co. Inc., 1972.

Seeley, John, The Slum: Its Nature, Use and Users, Journal of American Institute of Planner, Vol.35, 1959.

Stockes, C. J., "A Theory of Slum", Sluma & Urbanization, Popular Drakashan, 1970.

Ulack, Richard., "The Role of Urban Squatter Settlements", Annuals of the Association of American Geographers, Vol.68(4),1978.

설 문 지

안녕하십니까?

본 설문은 박사학위논문을 준비하기 위하여 실시하는 것입니다.

설문에 응하시는 분의 개인적인 이해관계와는 아무런 관계가

없으며 순수한 연구목적에만 사용됩니다.

도와주시면   대단히 감사하겠습니다.

* 면접분류번호:

* 피면접자 주소: 동   통   반

* 면접일시: 1991년   월   일

* 날   씨:

* 재면접 약속일시: 월   일   시

* 조사표 확인: 1차 확인자   (인)

　　　　　　　2차 확인자   (인)

1. 가구의 일반사항

1.1 세대주(가장)의 성별(남, 여)

1.2 세대주(가장)의 연령   세

1.3 세대주(가장)의 직업

1.4 세대주(가장)의 교육상태   무학(   )
                            국민학교(중퇴, 졸업)
                            중학교 (중퇴, 졸업)
                            고등학교(중퇴, 졸업)
                            대학교 (중퇴, 졸업)
                            대학원 (중퇴, 졸업)

1.5 가족(가구원)의 구성 상황

* 부, 모, 장인, 장모, 남편, 아내의 경우는 계신지, 안계신지만 표
  시해 주시고, 그 다음은 명수까지 표시해 주십시오.
  부( ), 모( ), 장인( ), 장모( ), 남편( ), 아내( ),
  자녀(남   명, 여   명), 친척(명), 기타(명)
  총 가구원수(명)

1.6 세대주(가장)의 한 달 소득은 얼마나 됩니까? (원)

1.7 가구 전체의 한 달 평균소득은 얼마입니까?   (원)

1.8 귀댁에서는 매달 평균 얼마나 저축을 합니까? (원)

2. 주거상황

2.1 현재 거주하고 계신 주택(집)은 어디에 해당합니까?

   1) 내집   2) 독채전세   3) 전세   4) 월세

   5) 사글세   6) 무상으로 빌림   7) 기타

2.2 현재 거주하고 계신 주택(집)은 어디에 해당합니까?

   1) 허가   2) 무허가

2.3 현재 사용하고 계신 방수는 어디에 해당합니까?

   1) 1개   2) 2개   3) 3개   4) 4개   5) 5개 이상

2.4 현재 사용하고 계신 건평은 어디에 해당합니까?

   1) 10평 미만   2) 10-15평   3) 16-20평   4) 20평 이상

2.5 급수상태는 어디에 해당합니까?

   1) 옥내수도   2) 공공수도   3) 기　타

2.6 화장실 상태는 어디에 해당합니까?

   1) 자가, 옥내   2) 자가, 옥외   3) 공동

2.7 현재 사용하고 계신 주택(집)의 세대수는 어디에 해당합니까?

   1) 1세대   2) 2세대   3) 3세대

   4) 4세대   5) 5세대 이상

3. 인구이동

3.1 귀하는 어디에서 출생하셨습니까?

     (　　　　)특별(직할)시 (　　　　)도 (　　　　)구(군)

3.2 언제 현재의 거주지로 오셨으며, 처음 어디에 정착하셨습니까?

     1) 전입년도: (　)년　　　　2) 거주기간: 총(　)년

     3) 전입 시 연령: (　)세　　4) 첫 정착지: (　)

3.3 귀하가 고향을 떠나게 된 이유는 어디에 있습니까? (　)

     1) 경제적 이유(취업)　　　2) 자녀교육

     3) 가족이나 친척을 따라서　4) 기　타

3.4 현재의 주거지로 이사한 가장 큰 이유는 무엇이었습니까?

     1) 보다 싼 주택을 이용하기 위해서

     2) 취업기회를 구하기 쉬우므로

     3) 직장과의 거리가 가까워서

     4) 자녀교육 때문에

     5) 사업에 실패해서

     6) 정부의 철거에 의해서

     7) 기　타

3.5 이곳에서 다른 곳으로 이주하실 구체적인 계획을 갖고 있는 경우만 말씀하여 주십시오.

     가) 이주동기는 무엇입니까? (순서대로 3가지만 기입)

      (　　) (　　) (　　)

     1) 주위환경이 나쁘기 때문에　2) 직장이 너무 멀기 때문에

3) 도시계획(재개발 포함)　　　4) 취업 및 직장이동

5) 주택개선 및 확장　　　　　6) 보다 싼 집으로 가기 위해서

7) 자녀교육을 위해서　　　　　8) 귀　향

9) 기　타

3.6 구체적으로 어떤 곳으로 이주할 계획이십니까?

　　(　　　)특별(직할)시 (도), (　　　)구(시, 군)

3.7 현 주거지로 이사 오기 전의 생활은 어떠하셨습니까? (　)

　　1)잘 살았다　　2)비슷했다　　3)더 못살았다

3.8 구체적인 계획을 갖고 있지 않은 경우 그 이유는 무엇입니까?

　　1)생활하기 편하다　　　　2)이동비용이 너무 크다

　　3)주택구입자금이 부족하다　4)이곳의 전세값이 저렴하다

　　5)현재의 직업 때문에　　　6)자녀의 교육 때문에

4. 사회적 사항

4.1 이웃과의 접촉상태는 어떠하십니까? (　　)

　　1) 매우 자주 한다　　　　　2) 비교적 자주

　　3) 가끔　　　　　　　　　　4) 전혀 하지 않는다

4.2 반상회나 기타 주민의 조직활동에 참여하십니까? (　　　)

　　1) 꼭 참석한다　　　　　　2) 자주 참석한다

　　3) 참석을 안 하는 편이다　　4) 참석 않는다

4.3 현 주거지에서 생활하시는 것을 어떻게 생각하십니까? (　　)

　　1) 수치스럽다　　2) 수치스럽지 않다　　3) 생각한 바 없다

4.4 현재 보유하고 있는 것에 0표를 해주십시오.

　　T　V(　) 　　라디오(　) 　　신　문(　)

　　전　화(　) 　　냉장고(　) 　　세탁기(　)

　　녹음기(　) 　　카메라(　) 　　전　축(　) 　　피아노(　)

5. 문화적 사항

5.1 가정에 어려운 일이 생겼을 때 어떻게 처리하십니까? (　)

　　1) 스스로 해결한다 　　　　2) 친척과 같이 해결한다

　　3) 이웃의 도움을 받는다 　　4) 공동 서비스 이용(상담소)

5.2 가족계획을 실시하고 있거나 실시할 예정입니까? (　)

　　(가임여성의 경우) 　1) 그렇다 　　　2) 아니다

5.3 병이 났을 때 무당 또는 무면허 의료인을 찾는 빈도는 어느
　　정도입니까?

　　1) 자주 찾는다 　　　　　2) 가끔 찾는다

　　3) 1-2번 경험이 있다 　　4) 한 번도 없다

5.4 10년 후 생활은 어떻게 되리라고 생각하십니까? (　)

　　1) 나아질 것이다 　　　　2) 비슷할 것이다

　　3) 나빠질 것이다

5.5 (위의 1)에 해당하는 경우) 장래생활 향상을 위한 구체적인
　　계획은 무엇입니까? (　)

　　1) 새로운 사업 착수 　　　2) 새로운 기술 습득

　　3) 본인 취업 　　　　　　　4) 저축

5) 자녀교육을 통한 성공   6) 없음

7) 기타(   )

5.6 현 거주지에 음주, 도박 등 무절제한 생활을 하는 사람이 있
   습니까? (   )

   1) 아주 많다   2) 조금 있다

   3) 거의 없다   4) 전혀 없다

5.7 폭행, 절도 등 범죄의 발생은 어떻습니까? (   )

   1) 아주 많다   2) 조금 있다

   3) 거의 없다   4) 전혀 없다

5.8 다음의 해당란에 0표를 하여 주십시오.

   1) 자녀의 성별 남(   ), 여(   )

   2) 자녀의 연령

      0~4세(   )   5~9세(   )   10~14세(   )   15~19세(   )

   3) 귀하의 자녀는 학교를 다니고 있습니까?

      다닌다(   )   안 다닌다(   )

5.9 귀하의 가족구성은 어디에 해당됩니까? (   )

   1) 1세대(부분)가구

   2) 2세대(부부＋자녀, 부부＋부모)가구

   3) 3세대(부부＋자녀＋부모)가구

5.10 귀하의 가구는 어디에 해당됩니까? (   )

   1) 편친가구   2) 독신가구

   3) 노인가구   4) 아동가구

6. 경제적 사항

6.1 현재 조금이라도 빚을 지고 있습니까? (   )

    1) 있다   2) 없다

6.2 (빚을 지고 있는 경우) 총 얼마나 됩니까? (원)

6.3 빚을 지게 된 주요 원인은 무엇입니까? (   )

    1) 질병   2) 자녀교육비   3) 주택관계

    4) 사업자금   5) 불규칙한 노동으로   6) 기타

6.4 귀하의 고용형태는 어디에 해당됩니까? (   )

    1) 일용직   2) 임시직   3) 상용직

6.5 귀하가구원 중 경제활동에 참여하는 수는 얼마나 됩니까? (   )

    1) 0인   2) 1인   3) 2인   4) 3인   5) 4인

6.6 아래의 상품은 각각 어디에서 구입하십니까?

생활용품 구입처	주곡	부식	연료	의류, 기타	가전제품
지구 내 상점					
시　장					
구판장, 슈퍼마켓					
백화점					
행　상					
기　타					

6.7 가난의 원인은 무엇이라고 생각하십니까? (해당란에 0표)

　　노름, 술 때문에　　( )　　게을러서　　　　　　( )

　　자녀가 너무 많아서 ( )　　가족의 병, 불구 때문에 ( )

　　불규칙한 노동으로　( )　　물려받은 유산이 없어서 ( )

　　배운 것이 없어서　( )　　직장이 없어서　　　( )

　　철거로　　　　　　( )　　월급이 적어서　　　( )

　　자녀교육 때문에　　( )

6.8 가난의 책임은 어디 있다고 생각하십니까? (　)

　　1)개인의 책임　　　　　　2)사회의 책임

　　3)개인과 사회의 공동책임　4)모르겠다

6.9 현재 귀하가 가장 필요하다고 생각하는 것은 무엇입니까?

　　(한 가지만)

　　직장마련　　　　　　( ) 봉급인상　　　( )

　　내집마련 또는 양성화 ( ) 의료보험 혜택 ( )

　　자녀교육　　　　　　( ) 교통편의 대책 ( )

6.10 귀하께서 정부에 원하는 것이 있다면 어느 것이 가장 절실

　　히 요구됩니까? (한 가지만)

　　자녀교육비 지원 ( )　　무허가건물 양성화 ( )

　　취업대책　　　( )　　교통대책　　　　( )

　　상하수도 정비 ( )　　공해대책　　　　( )

　　주거대책　　　( )

6.11 정부에서 받는 지원이 있다면 어느 정도입니까? (　　)

6.12 다음의 정책을 추진하면 귀하는 혜택을 어느 정도 받는다고
생각하십니까?

	많은 혜택을 받을 것이다	어느 정도 혜택을 받을 것이다	그저 그럴 것이다	별 혜택이 없을 것이다	혜택이 전혀
부동산(땅,건물) 투기억제					
서민주택(서민아파트공급) 및 주책융자					
교통시설증대					
공해방지 대책					
일자리 확보 (취로사업 등)					
무허가건물 양성화					

* 응답해 주셔서 대단히 감사합니다.

부 록

도시 및 주거환경 정비법

(일부개정 2005.12.7 법률 7715호)

제1장 총칙

제1조 (목적) 이 법은 도시기능의 회복이 필요하거나 주거환경이 불량한 지역을 계획적으로 정비하고 노후·불량건축물을 효율적으로 개량하기 위하여 필요한 사항을 규정함으로써 도시환경을 개선하고 주거생활의 질을 높이는데 이바지함을 목적으로 한다.

제2조 (용어의 정의) 이 법에서 사용하는 용어의 정의는 다음과 같다.

1. "정비구역"이라 함은 정비사업을 계획적으로 시행하기 위하여 제4조의 규정에 의하여 지정·고시된 구역을 말한다.

2. "정비사업"이라 함은 이 법에서 정한 절차에 따라 도시기능을 회복하기 위하여 정비구역 안에서 정비기반시설을 정비하고 주택 등 건축물을 개량하거나 건설하는 다음 각목의 사업을 말한다. 다만, 다목의 경우에는 정비구역이 아닌 구역에서 시행하는 주택재건축 사업을 포함한다.

　가. 주거환경개선사업 : 도시저소득주민이 집단으로 거주하는

지역으로서 정비기반시설이 극히 열악하고 노후·불량건축물이 과도하게 밀집한 지역에서 주거환경을 개선하기 위하여 시행하는 사업

나. 주택재개발사업 : 정비기반시설이 열악하고 노후·불량건축물이 밀집한 지역에서 주거환경을 개선하기 위하여 시행하는 사업

다. 주택재건축사업 : 정비기반시설은 양호하나 노후·불량건축물이 밀집한 지역에서 주거환경을 개선하기 위하여 시행하는 사업

라. 도시환경정비사업 : 상업지역·공업지역 등으로서 토지의 효율적 이용과 도심 또는 부도심 등 도시기능의 회복이 필요한 지역에서 도시환경을 개선하기 위하여 시행하는 사업

3. "노후·불량건축물"이라 함은 다음 각목의 1에 해당하는 건축물을 말한다.

가. 건축물이 훼손되거나 일부가 멸실되어 붕괴 그 밖의 안전사고의 우려가 있는 건축물

나. 다음의 요건에 해당하는 건축물로서 대통령령이 정하는 건축물

(1) 주변 토지의 이용상황 등에 비추어 주거환경이 불량한 곳에 소재할 것

(2) 건축물을 철거하고 새로운 건축물을 건설하는 경우 그에 소요되는 비용에 비하여 효용의 현저한 증가가 예상될 것

다. 도시미관의 저해, 건축물의 기능적 결함, 부실시공 또는 노후화로 인한 구조적 결함 등으로 인하여 철거가 불가피한 건축

물로서 대통령령이 정하는 건축물

4. "정비기반시설"이라 함은 도로·상하수도·공원·공용주차장·공
동구(국토의 계획 및 이용에 관한 법률 제2조9호의 규정에 의한
공동구를 말한다. 이하 같다) 그 밖에 주민의 생활에 필요한 가
스 등의 공급시설로서 대통령령이 정하는 시설을 말한다.

5. "공동이용시설"이라 함은 주민이 공동으로 사용하는 놀이터·
마을회관·공동작업장 그 밖에 대통령령이 정하는 시설을 말한다.

6. "대지"라 함은 정비사업에 의하여 조성된 토지를 말한다.

7. "주택단지"라 함은 주택 및 부대·복리시설을 건설하거나 대
지로 조성되는 일단의 토지로서 대통령령이 정하는 범위에 해당
하는 일단의 토지를 말한다.

8. "사업시행자"라 함은 정비사업을 시행하는 자를 말한다.

9. "토지등소유자"라 함은 다음 각목의 자를 말한다.

　가. 주거환경개선사업·주택재개발사업 또는 도시환경정비사
업의 경우에는 정비구역 안에 소재한 토지 또는 건축물의 소유자
또는 그 지상권자

　나. 주택재건축사업의 경우에는 다음의 1에 해당하는 자

　　(1) 정비구역 안에 소재한 건축물 및 그 부속토지의 소유자

　　(2) 정비구역이 아닌 구역 안에 소재한 대통령령이 정하는
주택 및 그 부속토지의 소유자와 부대·복리시설 및 그 부속토지
의 소유자

10. "주택공사등"이라 함은 대한주택공사법에 의하여 설립된
대한주택공사 또는 지방공기업법에 의하여 주택사업을 수행하기
위하여 설립된 지방공사를 말한다.

11. "정관 등"이라 함은 다음 각목의 것을 말한다.

　　가. 제20조의 규정에 의한 정관

　　나. 토지등소유자가 자치적으로 정하여 운영하는 규약

　　다. 시장·군수 또는 자치구의 구청장(이하 "시장·군수"라 한다) 또는 주택공사 등이 제30조제8호의 규정에 의하여 작성한 시행규정

제2장 기본계획의 수립 및 정비구역의 지정

제3조 (도시·주거환경정비기본계획의 수립) ①특별시장·광역시장 또는 시장은 다음 각호의 사항이 포함된 도시·주거환경정비기본계획 (이하 "기본계획"이라 한다)을 10년 단위로 수립하여야 한다. 다만, 대통령령이 정하는 소규모 시의 경우에는 기본계획을 수립하지 아니할 수 있다.

1. 정비사업의 기본방향

2. 정비사업의 계획기간

3. 인구·건축물·토지이용·정비기반시설·지형 및 환경 등의 현황

4. 주거지 관리계획

5. 토지이용계획·정비기반시설계획·공동이용시설설치계획 및 교통계획

6. 녹지·조경·에너지공급·폐기물처리 등에 관한 환경계획

7. 사회복지시설 및 주민문화시설 등의 설치계획

8. 제4조의 규정에 의하여 정비구역으로 지정할 예정인 구역의 개략적 범위

9. 단계별 정비사업추진계획

10. 건폐율·용적률 등에 관한 건축물의 밀도계획

11. 세입자에 대한 주거안정대책

12. 그 밖에 주거환경 등을 개선하기 위하여 필요한 사항으로서 대통령령이 정하는 사항

②특별시장·광역시장 또는 시장은 기본계획에 대하여 5년마다 그 타당성 여부를 검토하여 그 결과를 기본계획에 반영하여야 한다.

③특별시장·광역시장 또는 시장은 제1항의 규정에 의한 기본계획을 수립 또는 변경하고자 하는 때에는 14일 이상 주민에게 공람하고 지방의회의 의견을 들은 후 국토의계획및이용에관한법률 제113조제1항 및 제2항의 규정에 의한 지방도시계획위원회(이하 "지방도시계획위원회"라 한다)의 심의를 거쳐야 한다. 다만, 대통령령이 정하는 경미한 사항을 변경하는 경우에는 그러하지 아니하다.

④시장은 제1항 및 제3항의 규정에 의하여 기본계획을 수립 또는 변경한 때에는 도지사의 승인을 얻어야 하며, 도지사가 이를 승인함에 있어서는 지방도시계획위원회의 심의를 거쳐야 한다. 다만, 제3항 단서의 규정에 해당하는 변경의 경우에는 그러하지 아니하다.

⑤특별시장·광역시장 또는 도지사(이하 "시·도지사"라 한다)는 지방도시계획위원회의 심의를 거치기 전에 관계행정기관의 장과 협의하여야 한다.

⑥특별시장·광역시장 또는 시장은 기본계획이 수립 또는 변경된 때에는 이를 지체없이 당해 지방자치단체의 공보에 고시하여

야 한다.

⑦특별시장·광역시장 또는 시장은 기본계획을 수립하거나 변경한 때에는 건설교통부령이 정하는 방법 및 절차에 따라 건설교통부장관에게 보고하여야 한다.

⑧기본계획의 작성기준 및 작성방법은 건설교통부장관이 이를 정한다.

제4조 (정비계획의 수립 및 정비구역의 지정) ①시장·군수는 기본계획에 적합한 범위 안에서 노후·불량건축물이 밀집하는 등 대통령령이 정하는 요건에 해당하는 구역에 대하여 다음 각호의 사항이 포함된 정비계획을 수립하여 14일 이상 주민에게 공람하고 지방의회의 의견을 들은 후 이를 첨부하여 시·도지사에게 정비구역지정을 신청하여야 하며, 정비계획의 내용을 변경할 필요가 있을 때에는 같은 절차를 거쳐 변경지정을 신청하여야 한다. 다만, 대통령령이 정하는 경미한 사항을 변경하는 경우에는 주민공람 및 지방의회의 의견청취절차를 거치지 아니할 수 있다. <개정 2005.3.18>

1. 정비사업의 명칭

2. 정비구역 및 그 면적

3. 국토의 계획 및 이용에 관한 법률 제2조제7호의 규정에 의한 도시계획시설(이하 "도시계획시설"이라 한다)의 설치에 관한 계획

4. 공동이용시설 설치계획

5. 건축물의 주용도·건폐율·용적률·높이·층수 및 연면적에 관한

계획

6. 도시경관과 환경보전 및 재난방지에 관한 계획

7. 정비사업시행 예정시기

7의2. 제30조의2제1항의 규정에 의한 재건축임대주택의 규모 등 재건축임대주택에 관한 사항(재건축임대주택 공급의무지역에 한한다)

7의3. 「국토의 계획 및 이용에 관한 법률」 제52조제1항 각 호의 사항에 관한 계획(필요한 경우에 한한다)

8. 그 밖에 정비사업의 시행을 위하여 필요한 사항으로서 대통령령이 정하는 사항

②시·도지사는 정비구역을 지정 또는 변경(제1항 각 호 외의 부분 단서의 규정에 의한 경미한 사항중 대통령령이 정하는 사항을 제외한다)지정하고자 하는 경우에는 대통령령이 정하는 바에 따라 지방도시계획위원회와 「건축법」 제4조의 규정에 의하여 특별시·광역시·도(이하 "시·도"라 한다)에 두는 건축위원회가 공동으로 하는 심의를 거쳐 지정 또는 변경지정하여야 한다. <개정 2005.3.18>

③시·도지사는 제2항의 규정에 의하여 정비구역을 지정 또는 변경지정한 경우에는 당해 정비계획을 포함한 지정 또는 변경지정 내용을 당해 지방자치단체의 공보에 고시하고 주민설명회를 거친 후 건설교통부령이 정하는 방법 및 절차에 따라 건설교통부 장관에게 그 지정내용 또는 변경지정내용을 보고하여야 한다.

④제3항의 규정에 의하여 정비구역의 지정 또는 변경지정에 대한 고시가 있는 경우 당해 정비구역 및 정비계획중 국토의계획및

이용에관한법률 제52조제1항 각호의 1에 해당하는 사항은 동법 제49조 및 제51조의 규정에 의한 제1종지구단위계획 및 제1종지구단위계획구역으로 결정·고시된 것으로 본다.

⑤「국토의 계획 및 이용에 관한 법률」에 의한 지구단위계획구역에 대하여 제1항 각 호의 사항을 모두 포함한 지구단위계획을 결정·고시(변경 결정·고시하는 경우를 포함한다)하는 경우 당해 지구단위계획구역은 정비구역으로 지정·고시된 것으로 본다. <신설 2005.3.18>

⑥정비계획을 통한 토지의 효율적인 활용을 도모하기 위하여「국토의 계획 및 이용에 관한 법률」제52조제3항의 규정에 의한 건폐율 등의 완화규정은 제1항의 규정에 의한 정비계획에 관하여 이를 준용한다. 이 경우 "지구단위계획구역"은 "정비구역"으로, "지구단위계획"은 "정비계획"으로 본다. <신설 2005.3.18>

⑦시장·군수는 정비계획의 내용 중 제1항 제7호의 2의 규정에 의한 재건축임대주택에 관한 사항에 대하여는 제30조의2제2항의 규정에 의하여 재건축임대주택을 공급받을 자(이하 "인수자"라 한다)와 미리 협의하여야 한다. <신설 2005.3.18>

제4조의2 (주택의 규모 및 건설비율) ①건설교통부장관은 주택수급의 안정과 저소득 주민의 입주기회를 확대하기 위하여 정비사업으로 건설하는 주택에 대하여 대통령령이 정하는 범위 안에서 다음 각 호의 사항을 정하여 고시할 수 있다.

1. 정비사업으로 공급하는 주택의 최대·최소규모 또는 주택의 규모별 면적이 전체 연면적에서 차지하는 비율(이 경우 면적 또

는 비율을 지역별로 구분하여 정할 수 있다)

2. 임대주택의 규모 및 규모별 건설비율(제30조의2의 규정에 의하여 재건축임대주택을 공급하는 경우를 제외한다)

②시장·군수는 제1항의 규정에 의한 건설교통부장관의 고시내용을 제4조의 규정에 의한 정비계획에 반영하여야 한다.

[본조신설 2005.3.18]

제5조 (행위제한 등) ①정비구역 안에서 건축물의 건축, 공작물의 설치, 토지의 형질변경, 토석의 채취, 토지분할, 물건을 쌓아놓는 행위 등 대통령령이 정하는 행위를 하고자 하는 자는 시장·군수의 허가를 받아야 한다. 허가받은 사항을 변경하고자 하는 때에도 또한 같다.

②다음 각 호의 어느 하나에 해당하는 행위는 제1항의 규정에 불구하고 허가를 받지 아니하고 이를 할 수 있다.

1. 재해복구 또는 재난수습에 필요한 응급조치를 위하여 하는 행위

2. 그 밖에 대통령령이 정하는 행위

③제1항의 규정에 따라 허가를 받아야 하는 행위로서 정비구역의 지정 및 고시 당시 이미 관계 법령에 따라 행위허가를 받았거나 허가를 받을 필요가 없는 행위에 관하여 그 공사 또는 사업에 착수한 자는 대통령령이 정하는 바에 따라 시장·군수에게 신고한 후 이를 계속 시행할 수 있다.

④시장·군수는 제1항의 규정을 위반한 자에 대하여 원상회복을 명할 수 있다. 이 경우 명령을 받은 자가 그 의무를 이행하지 아

니하는 때에는 시장·군수는 「행정대집행법」에 따라 이를 대집행할 수 있다.

⑤제1항의 규정에 따른 허가에 관하여 이 법에 규정한 것을 제외하고는 「국토의 계획 및 이용에 관한 법률」 제57조 내지 제60조 및 제62조의 규정을 준용한다.

⑥제1항의 규정에 따라 허가를 받은 경우에는 「국토의 계획 및 이용에 관한 법률」 제56조의 규정에 따라 허가를 받은 것으로 본다.

[전문개정 2005.12.7]

제3장 정비사업의 시행

제1절 정비사업의 시행

제6조 (정비사업의 시행방법) ①주거환경개선사업은 다음 각호의 1에 해당하는 방법에 의한다. <개정 2005.3.18>

1. 제7조의 규정에 의한 주거환경 개선사업의 시행자가 정비구역안에서 정비기반시설을 새로이 설치하거나 확대하고 토지등소유자가 스스로 주택을 개량하는 방법

2. 제7조의 규정에 의한 주거환경개선사업의 시행자가 제38조의 규정에 의하여 정비구역의 전부 또는 일부를 수용하여 주택을 건설한 후 토지등소유자에게 우선 공급하는 방법

3. 제7조의 규정에 의한 주거환경개선사업의 시행자가 제43조

제2항의 규정에 의하여 환지로 공급하는 방법

②주택재개발사업은 정비구역 안에서 제48조의 규정에 의하여 인가받은 관리처분계획에 따라 주택 및 부대·복리시설을 건설하여 공급하거나, 제43조제2항의 규정에 의하여 환지로 공급하는 방법에 의한다.

③주택재건축사업은 정비구역 안 또는 정비구역이 아닌 구역에서 제48조의 규정에 의하여 인가받은 관리처분계획에 따라 공동주택 및 부대·복리시설을 건설하여 공급하는 방법에 의한다. 다만, 주택단지 안에 있지 아니하는 건축물의 경우에는 지형여건·주변의 환경으로 보아 사업시행 상 불가피한 경우와 정비구역 안에서 시행하는 사업에 한한다.

④도시환경정비사업은 정비구역 안에서 제48조의 규정에 의하여 인가받은 관리처분계획에 따라 건축물을 건설하여 공급하는 방법 또는 제43조제2항의 규정에 의하여 환지로 공급하는 방법에 의한다.

제7조 (주거환경개선사업의 시행자) ①주거환경개선사업은 제4조제3항의 규정에 의한 정비구역 지정고시일 현재 토지등소유자의 3분의 2 이상의 동의와 세입자(제4조제1항의 규정에 의한 공람공고일 3월 전부터 당해 정비구역 안에 3월 이상 거주하고 있는 자를 말한다)세대수 과반수의 동의를 각각 얻어 시장·군수가 직접 시행하거나 주택공사 등을 사업시행자로 지정하여 이를 시행하게 할 수 있다. 다만, 세입자의 세대수가 토지등소유자의 2분의 1 이하인 경우 등 대통령령이 정하는 사유가 있는 경우에는 세입자의 동의절차를 거치지 아니할 수 있다. <개정 2005.3.18>

②시장·군수는 천재·지변 그 밖의 불가피한 사유로 인하여 건축물의 붕괴우려가 있어 긴급히 정비사업을 시행할 필요가 있다고 인정하는 경우에는 제1항의 규정에 불구하고 토지등소유자 및 세입자의 동의없이 자신이 직접 시행하거나 주택공사 등을 사업시행자로 지정하여 시행하게 할 수 있다. 이 경우 시장·군수는 지체없이 토지등소유자에게 긴급한 정비사업의 시행사유·시행방법 및 시행시기 등을 통보하여야 한다. <개정 2005.3.18>

제8조 (주택재개발사업 등의 시행자) ①주택재개발사업은 제13조의 규정에 의한 조합(이하 "조합"이라 한다)이 이를 시행하거나 조합이 조합원 과반수의 동의를 얻어 시장·군수, 주택공사 등, 「건설산업기본법」 제9조의 규정에 의한 건설업자(이하 "건설업자"라 한다), 「주택법」 제12조제1항의 규정에 의하여 건설업자로 보는 등록사업자(이하 "등록사업자"라 한다) 또는 대통령령이 정하는 요건을 갖춘 자와 공동으로 이를 시행할 수 있다. <개정 2005.3.18>

②주택재건축사업은 조합이 이를 시행하거나 조합이 조합원 과반수의 동의를 얻어 시장·군수 또는 주택공사 등과 공동으로 이를 시행할 수 있다. <신설 2005.3.18>

③도시환경정비사업은 조합 또는 토지등소유자가 시행하거나, 조합 또는 토지등소유자가 조합원 또는 토지등소유자의 과반수의 동의를 얻어 시장·군수, 주택공사 등, 「한국토지공사법」에 의한 한국토지공사(공장이 포함된 구역에서의 도시환경정비사업의 경우를 제외한다), 건설업자, 등록사업자 또는 대통령령이 정하는

요건을 갖춘 자와 공동으로 이를 시행할 수 있다. <개정 2005.3.18>

④시장·군수는 정비사업이 다음 각호의 1에 해당하는 때에는 제1항 내지 제3항의 규정에 불구하고 직접 정비사업(주거환경개선사업을 제외한다. 이하 이 조 및 제9조에서 같다)을 시행하거나, 시장·군수가 토지등소유자로서 대통령령이 정하는 요건을 갖춘 자(제1호 및 제2호의 경우에 한하며, 이하 "지정개발자"라 한다) 또는 주택공사등을 사업시행자로 지정하여 정비사업을 시행하게 할 수 있다. <개정 2005.3.18>

1. 천재·지변 그 밖의 불가피한 사유로 인하여 긴급히 정비사업을 시행할 필요가 있다고 인정되는 때

2. 제4조제3항의 규정에 의하여 고시된 정비계획에서 정한 정비사업시행 예정일부터 2년 이내에 제28조의 규정에 의한 사업시행인가(이하 "사업시행인가"라 한다)를 신청하지 아니하거나 사업시행인가를 신청한 내용이 위법 또는 부당하다고 인정되는 때(주택재건축사업의 경우를 제외한다)

3. 지방자치단체의 장이 시행하는 국토의 계획 및 이용에 관한 법률 제2조제11호의 규정에 의한 도시계획사업과 병행하여 정비사업을 시행할 필요가 있다고 인정되는 때

4. 제35조제1항의 규정에 의한 순환정비방식에 의하여 정비사업을 시행할 필요가 있다고 인정되는 때

5. 제77조의 규정에 의하여 사업시행인가가 취소된 때

6. 당해 정비구역안의 국·공유지면적이 전체 토지면적의 2분의 1 이상인 때

7. 당해 정비구역안의 토지면적 2분의 1 이상의 토지소유자와 토지등소유자의 3분의 2 이상에 해당하는 자가 시장·군수 또는 주택공사등을 사업시행자로 지정할 것을 요청하는 때

⑤시장·군수는 제4항의 규정에 의하여 직접 정비사업을 시행하거나 지정개발자 또는 주택공사등을 사업시행자로 지정하는 때에는 정비사업 시행구역 등 토지등소유자에게 알릴 필요가 있는 사항으로서 대통령령이 정하는 사항을 당해 지방자치단체의 공보에 고시하여야 한다. <개정 2005.3.18>

제9조 (사업대행자의 지정 등) ①시장·군수는 조합 또는 토지등소유자가 시행하는 정비사업을 당해 조합 또는 토지등소유자가 계속 추진하기 어려워 정비사업의 목적을 달성할 수 없다고 인정하는 때에는 당해 조합 또는 토지등소유자를 대신하여 직접 정비사업을 시행하거나 지정개발자 또는 주택공사 등으로 하여금 당해 조합 또는 토지등소유자를 대신하여 정비사업을 시행하게 할 수 있다.

②제1항의 규정에 의하여 정비사업을 대행하는 시장·군수, 지정개발자 또는 주택공사 등(이하 "사업대행자"라 한다)은 사업시행자에게 청구할 수 있는 보수 또는 비용의 상환에 대한 권리로써 사업시행자에게 귀속될 대지 또는 건축물을 압류할 수 있다.

③제1항의 규정에 의한 사업의 대행에 있어서 개시결정 및 고시와 개시결정의 효과, 사업대행자의 업무집행, 사업대행의 완료와 그 고시 등에 관하여 필요한 사항은 대통령령으로 정한다.

제10조 (사업시행자 등의 권리·의무의 승계) 사업시행자와 정비사업과 관련하여 권리를 갖는 자(이하 "권리자"라 한다)의 변동이 있은 때에는 종전의 사업시행자와 권리자의 권리·의무는 새로이 사업시행자와 권리자로 된 자가 이를 승계한다.

제11조 (시공자의 선정) ①주택재건축사업조합은 사업시행인가를 받은 후 건설업자 또는 등록사업자를 시공자로 선정하여야 한다. <개정 2003.5.29, 2005.3.18>

②주택재건축사업조합은 제1항의 규정에 의한 시공자를 건설교통부장관이 정하는 경쟁입찰의 방법으로 선정하여야 한다. <개정 2005.3.18>

제12조 (주택재건축사업의 안전진단 및 시행여부 결정 등) ①주택재건축사업을 시행하고자 하는 자는 시장·군수에게 당해 건축물에 대한 안전진단을 신청하여야 한다.

②시장·군수는 제1항의 규정에 의한 안전진단의 신청이 있는 때에는 당해 건축물의 노후·불량 정도 등에 대한 현지조사와 건설안전 전문가의 의견청취 등을 거쳐 안전진단 실시여부를 결정하여야 하며, 안전진단의 실시가 필요하다고 결정한 경우에는 안전진단기관을 지정하여야 한다.

③시·도지사는 주택재건축사업의 시기조정, 건축물 노후·불량 정도의 평가 등을 위하여 필요한 경우에는 시장·군수로 하여금 제2항의 규정에 의한 안전진단 실시여부를 결정하기 전에 시·도지사의 평가를 받도록 할 수 있다. 이 경우 시장·군수는 시·도지

사의 평가결과에 따라야 한다.

④제2항의 규정에 의하여 시장·군수로부터 지정을 받은 안전진단기관은 건설교통부장관이 정하여 관보에 고시하는 기준에 따라 안전진단을 실시하여야 하며, 건설교통부령이 정하는 방법 및 절차에 따라 안전진단결과보고서를 작성하여 시장·군수 및 주택재건축사업을 시행하고자 하는 자에게 제출하여야 한다.

⑤시장·군수는 제4항의 규정에 의한 안전진단의 결과와 도시계획 및 지역여건 등을 종합적으로 검토하여 주택재건축사업의 시행여부를 결정하여야 한다.

⑥제1항 내지 제5항의 규정에 의한 안전진단의 대상·기준·실시기관·지정절차·수수료·안전진단결과의 평가 및 주택재건축사업의 시행여부의 결정 등에 관하여 필요한 세부사항은 대통령령으로 정한다.

제2절 조합설립추진위원회 및 조합의 설립 등

제13조 (조합의 설립 및 추진위원회의 구성) ①시장·군수 또는 주택공사 등이 아닌 자가 정비사업을 시행하고자 하는 경우에는 토지등소유자로 구성된 조합을 설립하여야 한다. 다만, 제8조제3항의 규정에 의하여 토지등소유자가 도시환경정비사업을 단독으로 시행하고자 하는 경우에는 그러하지 아니하다. <개정 2005.3.18>

②제1항의 규정에 의한 조합을 설립하고자 하는 경우에는 토지등소유자 과반수의 동의를 얻어 위원장을 포함한 5인 이상의 위

원으로 조합설립추진위원회(이하 "추진위원회"라 한다)를 구성하여 건설교통부령이 정하는 방법 및 절차에 따라 시장·군수의 승인을 얻어야 한다. <개정 2005.3.18>

③제23조의 규정은 제2항의 규정에 의한 추진위원회 위원에 관하여 준용한다. 이 경우 "조합"은 "추진위원회"로, "임원"은 "위원"으로, "조합원"은 "토지등소유자"로 본다.

④시장·군수는 제2항의 규정에 의한 승인을 함에 있어 주택재건축사업이 제30조의2제1항의 규정에 의한 재건축임대주택 공급의무가 있는 것으로서 정비구역이 아닌 구역에서 시행되는 경우에는 재건축임대주택의 규모 등 재건축임대주택에 관한 사항을 인수자와 미리 협의하여 추진위원회에 통보하여야 한다. <신설 2005.3.18>

제14조 (추진위원회의 기능) ①추진위원회는 다음 각호의 업무를 수행한다.

1. 제12조의 규정에 의한 안전진단 신청에 관한 업무

2. 제69조의 규정에 의한 정비사업전문관리업자(이하 "정비사업전문관리업자"라 한다)의 선정

3. 개략적인 정비사업 시행계획서의 작성

4. 조합의 설립인가를 받기 위한 준비업무

5. 그 밖에 조합설립의 추진을 위하여 필요한 업무로서 대통령령이 정하는 업무

②추진위원회는 제15조제2항의 규정에 의한 운영규정이 정하는 경쟁입찰의 방법으로 정비사업전문관리업자를 선정하여야 한다.

③추진위원회가 제1항의 규정에 의하여 수행하는 업무의 내용이 토지등소유자의 비용부담을 수반하는 것이거나 권리와 의무에 변동을 발생시키는 것인 경우에는 그 업무를 수행하기 전에 대통령령이 정하는 비율 이상의 토지등소유자의 동의를 얻어야 한다.

제15조 (추진위원회의 조직 및 운영) ①추진위원회는 추진위원회를 대표하는 위원장 1인과 감사를 두어야 하며, 그 운영에 필요한 사항은 대통령령으로 정한다.

②건설교통부장관은 추진위원회의 공정한 운영을 위하여 다음 각호의 내용을 포함한 추진위원회의 운영규정을 정하여 관보에 고시하여야 한다.

1. 추진위원회 위원의 선임방법 및 변경에 관한 사항

2. 추진위원회 위원의 권리·의무에 관한 사항

3. 추진위원회의 업무범위에 관한 사항

4. 추진위원회의 운영방법에 관한 사항

5. 토지등소유자의 운영경비 납부에 관한 사항

6. 그 밖에 추진위원회의 운영에 필요한 사항으로서 대통령령이 정하는 사항

③추진위원회는 운영규정에 따라 운영하여야 하며, 토지등소유자는 운영에 필요한 경비를 운영규정이 정하는 바에 따라 납부하여야 한다.

④추진위원회는 추진위원회가 행한 업무를 제24조의 규정에 의한 총회(이하 "총회"라 한다)에 보고하여야 하며, 추진위원회가 행한 업무와 관련된 권리와 의무는 조합이 포괄승계한다.

⑤추진위원회는 사용경비를 기재한 회계장부 및 관련서류를 조합 설립의 인가일부터 30일 이내에 조합에 인계하여야 한다.

⑥토지등소유자는 3분의 1이상의 연서로 추진위원회에 추진위원회 위원의 교체 및 해임을 요구할 수 있다.

⑦제6항의 규정에 의한 추진위원회 위원의 교체·해임절차 등에 관한 구체적인 사항은 운영규정이 정하는 바에 의한다.

제16조 (조합의 설립인가 등) ①주택재개발사업 및 도시환경정비사업의 추진위원회가 조합을 설립하고자 하는 때에는 토지등소유자의 5분의 4이상의 동의를 얻어 정관 및 건설교통부령이 정하는 서류를 첨부하여 시장·군수의 인가를 받아야 한다. 인가받은 사항을 변경하고자 하는 때에도 또한 같다. 다만, 대통령령이 정하는 경미한 사항을 변경하고자 하는 때에는 조합원의 동의없이 시장·군수에게 신고하고 변경할 수 있다.

②주택재건축사업의 추진위원회가 조합을 설립하고자 하는 때에는 집합건물의 소유 및 관리에 관한 법률 제47조제1항 및 제2항의 규정에 불구하고 주택단지안의 공동주택의 각 동(복리시설의 경우에는 주택단지안의 복리시설 전체를 하나의 동으로 본다)별 구분소유자 및 의결권의 각 3분의 2 이상의 동의와 주택단지안의 전체 구분소유자 및 의결권의 각 5분의 4 이상의 동의를 얻어 정관 및 건설교통부령이 정하는 서류를 첨부하여 시장·군수의 인가를 받아야 한다. 인가받은 사항을 변경하고자 하는 때에도 또한 같다. 다만, 제1항 단서의 규정에 의한 경미한 사항을 변경하고자 하는 때에는 조합원의 동의없이 시장·군수에게 신고하고

변경할 수 있다.

③제2항의 규정에 불구하고 주택단지가 아닌 지역이 정비구역에 포함된 때에는 주택단지가 아닌 지역안의 토지 또는 건축물 소유자의 5분의 4 이상 및 토지면적의 3분의 2 이상의 토지소유자의 동의를 얻어야 한다.

④조합이 이 법에 의한 정비사업을 시행하는 경우 주택법 제38조의 규정을 적용함에 있어서는 조합을 동법 제2조제5호의 규정에 의한 사업주체로 보며, 조합설립인가일부터 동법 제9조의 규정에 의한 주택건설사업 등의 등록을 한 것으로 본다. <개정 2003.5.29 , 2005.3.18>

⑤제1항 및 제2항의 규정에 의한 조합 설립신청 및 인가절차 등에 관하여 필요한 사항은 대통령령으로 정한다.

제17조 (토지등소유자의 동의방법 등) 제13조 내지 제16조의 규정에 의한 토지등소유자의 동의 산정방법 및 절차 등에 관하여 필요한 사항은 대통령령으로 정한다.

제18조 (조합의 법인격 등) ①조합은 법인으로 한다.

②조합은 조합 설립의 인가를 받은 날부터 30일 이내에 주된 사무소의 소재지에서 대통령령이 정하는 사항을 등기함으로써 성립한다.

③조합은 그 명칭 중에 "정비사업조합"이라는 문자를 사용하여야 한다.

제19조 (조합원의 자격 등 <개정 2003.12.31>) ①정비사업(시장·군수 또는 주택공사 등이 시행하는 정비사업을 제외한다)의 조합원은 토지등소유자(주택재건축사업의 경우에는 주택재건축사업에 동의한 자에 한한다)로 하되, 토지 또는 건축물의 소유권과 지상권이 수인의 공유에 속하는 때에는 그 수인을 대표하는 1인을 조합원으로 본다. <개정 2005.3.18>

②주택법 제41조제1항의 규정에 의한 투기과열지구(이하 "투기과열지구"라 한다)로 지정된 지역 안에서의 주택재건축사업의 경우 제16조의 규정에 의한 조합설립인가 후 당해 정비사업의 건축물 또는 토지를 양수(매매·증여 그 밖의 권리의 변동을 수반하는 일체의 행위를 포함하되, 상속·이혼으로 인한 양도·양수의 경우를 제외한다. 이하 이 조에서 같다)한 자는 제1항의 규정에 불구하고 조합원이 될 수 없다. 다만, 양도자가 다음 각호의 1에 해당하는 경우 그 양도자로부터 그 건축물 또는 토지를 양수한 자는 그러하지 아니하다. <신설 2003.12.31, 2005.3.18>

1. 세대원(세대주가 포함된 세대의 구성원을 말한다. 이하 이 조에서 같다)의 근무 또는 생업상의 사정이나 질병치료·취학·결혼으로 인하여 세대원 전원이 당해 사업구역이 위치하지 아니한 특별시·광역시·시 또는 군으로 이전하는 경우(사업구역이 수도권정비계획법 제2조제1호의 규정에 의한 수도권에 위치한 경우에는 수도권 밖으로 이전하는 경우에 한한다)

2. 상속에 의하여 취득한 주택으로 세대원 전원이 이전하는 경우

3. 세대원 전원이 해외로 이주하거나 세대원 전원이 2년 이상의 기간동안 해외에 체류하고자 하는 경우

4. 그 밖에 불가피한 사정으로 양도하는 경우로서 대통령령이 정하는 경우

③사업시행자는 제2항 각호외의 부분 본문의 규정에 의하여 조합설립인가 후 당해 정비사업의 건축물 또는 토지를 양수한 자로서 조합원의 자격을 취득할 수 없는 자에 대하여는 제47조의 규정을 준용하여 현금으로 청산하여야 한다. 이 경우 청산금액은 조합설립인가일을 기준으로 하여 산정한다. <신설 2003.12.31>

제20조 (정관의 작성 및 변경) ①조합은 다음 각호의 사항이 포함된 정관을 작성하여야 한다.

1. 조합의 명칭 및 주소

2. 조합원의 자격에 관한 사항

3. 조합원의 제명·탈퇴 및 교체에 관한 사항

4. 정비사업 예정구역의 위치 및 면적

5. 제21조의 규정에 의한 조합의 임원(이하 "조합임원"이라 한다)의 수 및 업무의 범위

6. 조합임원의 권리·의무·보수·선임방법·변경 및 해임에 관한 사항

7. 대의원의 수, 의결방법, 선임방법 및 선임절차

8. 조합의 비용부담 및 조합의 회계

9. 정비사업의 시행연도 및 시행방법

10. 총회의 소집절차·시기 및 의결방법

11. 총회의 개최 및 조합원의 총회소집요구에 관한 사항

12. 공사비 등 정비사업에 소요되는 비용(이하 "정비사업비"라

한다)의 부담시기 및 절차

13. 정비사업이 종결된 때의 청산절차

14. 청산금의 징수·지급의 방법 및 절차

15. 시공자·설계자의 선정 및 계약서에 포함될 내용

16. 정관의 변경절차

17. 그 밖에 정비사업의 추진 및 조합의 운영을 위하여 필요한 사항으로서 대통령령이 정하는 사항

②건설교통부장관은 제1항 각호의 내용이 포함된 표준정관을 작성하여 보급할 수 있다.

③조합이 정관을 변경하고자 하는 경우에는 조합원 과반수(제1항제2호 내지 제4호·제8호·제12호 또는 제15호의 경우에는 3분의 2이상을 말한다)의 동의를 얻어 시장·군수의 인가를 받아야 한다. 다만, 대통령령이 정하는 경미한 사항을 변경하고자 하는 때에는 조합원의 동의에 갈음하여 총회의 의결을 얻어야 한다. <개정 2005.3.18>

④제17조의 규정은 제3항의 규정에 의한 동의에 관하여 이를 준용한다.

제21조 (조합의 임원) ①조합은 다음 각호의 임원을 둔다.

1. 조합장 1인

2. 이사

3. 감사

②제1항의 이사와 감사의 수에 관하여 필요한 사항은 대통령령이 정하는 범위 안에서 정관으로 정한다.

③조합임원은 총회에서 조합원 과반수의 출석과 출석 조합원 과반수의 동의를 얻어 조합원 중에서 정관이 정하는 바에 따라 선임한다. <개정 2005.3.18>

제22조 (조합임원의 직무 등) ①조합장은 조합을 대표하고, 그 사무를 총괄하며, 총회 또는 제25조의 규정에 의한 대의원회의 의장이 된다.

②이사는 정관이 정하는 바에 따라 조합장을 보좌하며 조합의 사무를 분장한다.

③감사는 조합의 사무 및 재산상태와 회계에 관한 사항을 감사한다.

④조합장 또는 이사의 자기를 위한 조합과의 계약이나 소송에 관하여는 감사가 조합을 대표한다.

⑤조합임원은 같은 목적의 정비사업을 하는 다른 조합의 임원 또는 직원을 겸할 수 없다.

제23조 (조합임원의 결격사유 및 해임) ①다음 각호의 1에 해당하는 자는 조합의 임원이 될 수 없다. <개정 2005.3.31>

1. 미성년자·금치산자 또는 한정치산자

2. 파산선고를 받은 자로서 복권되지 아니한 자

3. 금고 이상의 실형의 선고를 받고 그 집행이 종료(종료된 것으로 보는 경우를 포함한다)되거나 집행이 면제된 날부터 2년이 경과되지 아니한 자

4. 금고 이상의 형의 집행유예를 받고 그 유예기간 중에 있는 자

②조합임원이 제1항 각호의 1에 해당하게 되거나 선임 당시 그에 해당하는 자이었음이 판명된 때에는 당연 퇴임한다.

③제2항의 규정에 의하여 퇴임된 임원이 퇴임 전에 관여한 행위는 그 효력을 잃지 아니한다.

④조합임원의 해임은 조합원 10분의 1 이상의 발의로 소집된 총회에서 조합원 과반수의 출석과 출석 조합원 과반수의 동의를 얻어 할 수 있다. 다만, 정관에서 해임에 관하여 별도로 정한 경우에는 정관이 정하는 바에 의한다. <개정 2005.3.18>

⑤제4항의 규정에 의한 총회에 있어서는 제22조제1항의 규정에 불구하고 그 발의자 대표의 임시 사회로 선출된 자가 그 의장이 된다.

제24조 (총회개최 및 의결사항) ①조합에 조합원으로 구성되는 총회를 둔다.

②총회는 제23조제4항의 경우를 제외하고는 조합장의 직권 또는 조합원 5분의 1 이상의 요구로 조합장이 소집한다.

③다음 각호의 사항은 총회의 의결을 거쳐야 한다.

1. 정관의 변경(제20조제3항 단서의 규정에 의한 경미한 사항의 변경에 한한다)

2. 자금의 차입과 그 방법·이율 및 싱환방법

3. 제61조의 규정에 의한 비용의 금액 및 징수방법

4. 정비사업비의 사용

5. 예산으로 정한 사항 외에 조합원의 부담이 될 계약

6. 철거업자·시공자·설계자의 선정 및 변경

7. 정비사업전문관리업자의 선정 및 변경

8. 조합임원의 선임 및 해임

9. 정비사업비의 조합원별 분담내역

10. 제48조의 규정에 의한 관리처분계획의 수립 및 변경(제48조제1항 단서의 규정에 의한 경미한 변경을 제외한다)

11. 제57조의 규정에 의한 청산금의 징수·지급(분할징수·분할지급을 포함한다)과 조합 해산시의 회계보고

12. 그 밖에 조합원에게 경제적 부담을 주는 사항 등 주요한 사항을 결정하기 위하여 필요한 사항으로서 대통령령 또는 정관이 정하는 사항

④제3항 각호의 사항중 이 법 또는 정관의 규정에 의하여 조합원의 동의가 필요한 사항은 총회에 상정하여야 한다.

⑤총회의 소집절차·시기 및 의결방법 등에 관하여는 정관으로 정한다.

제25조 (대의원회) ①조합원의 수가 100인 이상인 조합은 대의원회를 둘 수 있다.

②대의원회는 조합원의 10분의 1 이상으로 하되 조합원의 10분의 1이 100인을 넘는 경우에는 100인의 대의원으로 구성하며, 총회의 의결사항 중 대통령령이 정하는 사항을 제외하고는 총회의 권한을 대행할 수 있다. <개정 2005.3.18>

③제21조의 규정에 의한 조합장이 아닌 조합임원은 대의원이 될 수 없다.

④대의원의 수·의결방법·선임방법 및 선임절차 등에 관하여는

대통령령이 정하는 범위 안에서 정관으로 정한다.

제26조 (주민대표회의) ①시장·군수 또는 주택공사 등이 사업시행자인 정비사업의 경우 정비구역 안(주택재건축사업은 주택법 제16조의 규정에 의한 사업계획승인을 얻어 건설한 주택단지 안을 포함한다)의 다음 각호의 1에 해당하는 자는 정비사업의 시행을 원활하게 하기 위한 주민대표기구(이하 "주민대표회의"라 한다)를 구성할 수 있다. 다만, 주택재건축사업의 경우에는 제1호 및 제2호의 규정에 한한다. <개정 2003.5.29>

　1. 토지소유자

　2. 건축물소유자

　3. 지상권자

②주민대표회의는 5인 이상 15인 이하로 구성한다.

③주민대표회의는 제1항 각호의 자의 과반수의 동의를 얻어서 구성하며, 이를 구성한 때에는 건설교통부령이 정하는 방법 및 절차에 따라 시장·군수에게 통보하여야 한다. <개정 2005.3.18>

④주민대표회의는 사업시행자가 다음 각호의 사항에 관하여 제30조제8호의 규정에 의한 시행규정을 정하는 때에 의견을 제시할 수 있다.

　1. 건축물의 철거에 관한 사항

　2. 주민이주에 관한 사항

　3. 토지 및 건축물의 보상에 관한 사항

　4. 정비사업비의 부담에 관한 사항

　5. 그 밖에 정비사업의 시행을 위하여 필요한 사항으로서 대통령령이 정하는 사항

⑤주민대표회의의 운영, 비용부담, 위원 선임방법 및 절차 등에 관하여 필요한 사항은 대통령령으로 정한다.

제27조 (민법의 준용 등) 조합에 관하여는 이 법에 규정된 것을 제외하고는 민법 중 사단법인에 관한 규정을 준용한다.

제3절 사업시행계획 등

제28조 (사업시행인가) ①사업시행자(제8조제1항 내지 제3항의 규정에 의한 공동시행의 경우를 포함하되, 사업시행자가 시장·군수인 경우를 제외한다)는 정비사업을 시행하고자 하는 경우에는 제30조의 규정에 의한 사업시행계획서(이하 "사업시행계획서"라 한다)에 정관등과 그 밖에 건설교통부령이 정하는 서류를 첨부하여 시장·군수에게 제출하고 사업시행인가를 받아야 한다. 인가받은 내용을 변경하거나 정비사업을 중지 또는 폐지하고자 하는 경우에도 또한 같다. 다만, 대통령령이 정하는 경미한 사항을 변경하고자 하는 때에는 시장·군수에게 이를 신고하여야 한다. <개정 2005.3.18>

②시장·군수는 제4조제1항의 규정에 의한 정비구역 외에서 시행하는 주택재건축사업의 사업시행인가를 하고자 하는 경우에는 건축물의 높이·층수·용적률 등 대통령령이 정하는 사항에 대하여 건축법 제4조의 규정에 의하여 시·군·구(자치구를 말한다)에 설치하는 건축위원회(이하 "건축위원회"라 한다)의 심의를 거쳐야 한다.

③시장·군수는 제1항의 규정에 의한 사업시행인가(시장·군수가

사업시행계획서를 작성한 경우를 포함한다)를 하거나 그 정비사업을 변경·중지 또는 폐지하는 경우에는 건설교통부령이 정하는 방법 및 절차에 의하여 그 내용을 당해 지방자치단체의 공보에 고시하여야 한다. 다만, 제1항 단서의 규정에 의한 경미한 사항을 변경하고자 하는 경우에는 그러하지 아니하다.

④사업시행자(시장·군수 또는 주택공사 등을 제외한다)는 사업시행인가를 신청(인가받은 내용을 변경하거나 정비사업을 중지 또는 폐지하고자 하는 경우를 포함한다)하기 전에 미리 정관 등이 정하는 바에 따라 토지등소유자(주택재건축사업인 경우에는 조합원을 말하며, 이하 이 항에서 같다)의 동의를 얻어야 한다. 다만, 사업시행자가 지정개발자인 경우에는 정비구역 안의 토지면적 50퍼센트 이상 토지소유자의 동의와 토지등소유자 과반수의 동의를 각각 얻어야 한다. <개정 2005.3.18>

⑤제17조의 규정은 제4항의 규정에 의한 동의에 관하여 이를 준용한다.

제29조 (지정개발자의 정비사업비의 예치 등) ①시장·군수는 도시환경정비사업의 사업시행인가를 하고자 하는 경우 당해 정비사업의 사업시행자가 지정개발자인 때에는 정비사업비의 100분의 20의 범위 이내에서 특별시·광역시 또는 도의 조례(이하 "시·도조례"라 한다)가 정하는 금액을 예치하게 할 수 있다.

②제1항의 규정에 의한 예치금은 제57조제1항의 규정에 의한 청산금의 지급이 완료된 때에 이를 반환한다.

③제1항의 규정에 의한 예치 및 반환 등에 관하여 필요한 사항

은 시·도조례로 정한다.

제30조 (사업시행계획서의 작성) 사업시행자는 제4조제3항의 규정에 의하여 고시된 정비계획에 따라 다음 각호의 사항을 포함하여 사업시행계획서를 작성하여야 한다. 다만, 도시환경정비사업(기존건축물에 주택이 포함되어 있는 사업을 제외한다)의 사업시행계획서를 작성하고자 하는 때에는 제3호 내지 제5호의 내용을 포함하지 아니할 수 있다. <개정 2005.3.18>
　　1. 토지이용계획(건축물배치계획을 포함한다)
　　2. 정비기반시설 및 공동이용시설의 설치계획
　　3. 임시수용시설을 포함한 주민이주대책
　　4. 세입자의 주거대책
　　5. 임대주택의 건설계획
　　6. 건축물의 높이 및 용적률 등에 관한 건축계획
　　7. 정비사업의 시행과정에서 발생하는 폐기물의 처리계획
　　8. 시행규정(시장·군수 또는 주택공사 등이 단독으로 시행하는 정비사업에 한한다)
　　9. 그 밖에 사업시행을 위하여 필요한 사항으로서 대통령령이 정하는 사항

제30조의2 (주택재건축사업의 임대주택 건설의무 등) ① 「수도권정비계획법」 제6조 제1항 제1호의 규정에 의한 과밀억제권역에서 주택재건축사업을 시행하는 경우 사업시행자는 제30조제4호의 규정에 의한 세입자의 주거안정과 개발이익의 조정 등을 위하여 당

해 주택재건축사업으로 증가되는 용적률 중 100분의 25이하의 범위 안에서 대통령령이 정하는 비율 이상에 해당하는 면적을 임대주택(이하 "재건축임대주택"이라 한다)으로 공급하여야 하며, 건축관계 법률에 의한 건축물 층수제한 등 건축제한으로 제3항의 규정에 의한 용적률의 완화가 사실상 불가능한 경우에는 대통령령으로 임대주택 공급비율을 따로 정할 수 있다. 다만, 용적률의 상승폭, 기존주택의 세대수 그 밖의 사업내용이 대통령령이 정하는 기준 이하인 경우에는 임대주택을 공급하지 아니할 수 있다.

②사업시행자는 재건축임대주택을 대통령령이 정하는 바에 따라 건설교통부장관, 시·도지사 또는 주택공사 등에게 공급하여야 한다. 이 경우 재건축임대주택의 공급가격은 재건축임대주택의 건설에 투입되는 건축비를 기준으로 건설교통부장관이 고시하는 금액에 재건축임대주택 부속토지의 가격(「부동산 가격공시 및 감정평가에 관한 법률」 제11조의 규정에 의한 개별공시지가 및 지가상승률 등을 고려하여 대통령령이 정하는 기준에 따라 산정한 가격을 말한다)을 합한 가격으로 한다. 다만, 사업시행자가 재건축임대주택에 해당하는 만큼의 용적률을 완화받기로 선택한 경우에는 인수자에게 그 부속토지를 기부채납한 것으로 본다.

③제2항 단서의 규정에 의하여 사업시행자가 용적률을 완화받기로 선택한 경우에는 다음 각 호의 기준에 따라 정비계획에서 정한 용적률(정비구역이 아닌 구역에서 사업을 시행하는 경우에는 「국토의 계획 및 이용에 관한 법률」 제78조의 규정에 의하여 특별시·광역시·시 또는 군의 조례로 정한 용적률을 말한다) 및 세대수 기준을 완화하여 적용하여야 한다.

1. 재건축임대주택의 바닥면적을 연면적에서 제외하고, 재건축임대주택 부속대지의 면적을 대지면적에 포함할 것

2. 재건축임대주택의 세대수는 허용세대수 산정에서 제외할 것

④사업시행자는 사업시행인가를 신청하기 전에 미리 재건축임대주택의 규모 등 재건축임대주택에 관한 사항을 인수자와 협의하여 사업시행계획서에 반영하여야 한다.

⑤사업시행자는 조합원에게 공급되고 남은 주택을 대상으로 공개추첨의 방법에 의하여 인수자에게 공급하는 재건축임대주택을 선정하여야 하며, 그 선정결과를 지체없이 인수자에게 통보하여야 한다.

⑥사업시행자는 주택재건축사업의 준공인가 후에는 지체 없이 인수자에게 등기를 촉탁 또는 신청하여야 한다. 이 경우 사업시행자가 거부 또는 지체하는 경우에는 인수자가 등기를 촉탁 또는 신청할 수 있다.

[본조신설 2005.3.18]

제31조 (관계서류의 공람과 의견청취) ①시장·군수는 사업시행인가를 하고자 하거나 사업시행계획서를 작성하고자 하는 경우에는 대통령령이 정하는 방법 및 절차에 따라 관계서류의 사본을 30일 이상 일반인이 공람하게 하여야 한다. 다만, 제28조 제1항 단서의 규정에 의한 경미한 사항을 변경하고자 하는 경우에는 그러하지 아니하다.

②토지등소유자 또는 조합원 그 밖에 정비사업과 관련하여 이해관계를 가지는 자는 제1항의 공람기간 이내에 시장·군수에게

서면으로 의견을 제출할 수 있다.

③시장·군수는 제2항의 규정에 의하여 제출된 의견을 심사하여 채택할 필요가 있다고 인정하는 때에는 이를 채택하고, 그러하지 아니한 경우에는 의견을 제출한 자에게 그 사유를 알려주어야 한다.

제32조 (다른 법률의 인·허가 등의 의제) ①사업시행자가 사업시행인가를 받은 때(시장·군수가 직접 정비사업을 시행하는 경우에는 사업시행계획서를 작성한 때를 말한다. 이하 이 조에서 같다)에는 다음 각호의 인가·허가·승인·신고·등록·협의·동의·심사 또는 해제(이하 "인·허가 등"이라 한다)가 있은 것으로 보며, 제28조 제3항의 규정에 의한 사업시행인가의 고시가 있은 때에는 다음 각호의 관계 법률에 의한 인·허가 등의 고시·공고 등이 있은 것으로 본다. <개정 2002.12.30, 2003.5.29, 2005.3.18, 2005.8.4>

1. 「주택법」 제16조의 규정에 의한 사업계획의 승인

2. 건축법 제8조의 규정에 의한 건축허가 및 동법 제15조의 규정에 의한 가설건축물의 건축허가 또는 축조신고

3. 도로법 제34조의 규정에 의한 도로공사시행의 허가 및 동법 제40조의 규정에 의한 도로점용의 허가

4. 사방사업법 제20조의 규정에 의한 사방지 지정의 해제

5. 농지법 제36조의 규정에 의한 농지전용의 허가·협의 및 동법 제37조의 규정에 의한 농지전용신고

6. 산지관리법 제14조·제15조의 규정에 의한 산지전용허가 및 산지전용신고와 「산림자원의 조성 및 관리에 관한 법률」 제36조 제1항·제4항 및 제45조 제1항·제2항의 규정에 의한 허가. 다만, 「

산림자원의 조성 및 관리에 관한 법률」에 의한 산림유전자원보호
림·채종림 및 시험림의 경우를 제외한다.

7. 하천법 제30조 제1항의 규정에 의한 하천공사시행의 허가,
동법 동조 제6항의 규정에 의한 하천공사실시계획인가 및 동법
제33조의 규정에 의한 하천의 점용 등의 허가

8. 수도법 제12조의 규정에 의한 일반수도사업의 인가 및 동법
제36조 또는 제38조의 규정에 의한 전용상수도 또는 전용공업용
수도 설치의 인가

9. 하수도법 제13조의 규정에 의한 공공하수도 사업의 허가

10. 측량법 제25조의 규정에 의한 측량성과사용의 심사

11. 유통산업발전법 제8조의 규정에 의한 대규모점포의 등록

12. 국유재산법 제24조의 규정에 의한 사용·수익허가(주택재개
발사업 및 도시환경정비사업에 한한다)

13. 지방재정법 제82조의 규정에 의한 사용·수익허가(주택재개
발사업 및 도시환경정비사업에 한한다)

14. 지적법 제27조의 규정에 의한 사업의 착수·변경의 신고

15. 「국토의 계획 및 이용에 관한 법률」 제56조의 규정에 의한
개발행위의 허가, 동법 제86조의 규정에 의한 도시계획시설사업
시행자의 지정 및 동법 제88조의 규정에 의한 실시계획의 인가

②사업시행자가 공장이 포함된 구역에 대한 도시환경정비사업
에 대하여 사업시행인가를 받은 때에는 제1항의 규정에 의한 인·
허가등이 있은 것으로 보는 것 외에 다음 각호의 인·허가 등이
있은 것으로 보며, 제28조제3항의 규정에 의한 사업시행인가의
고시가 있은 때에는 다음 각호의 관계 법률에 의한 인·허가 등의

고시·공고 등이 있은 것으로 본다. <개정 2003.5.29, 2005.3.31>

1. 산업집적활성화 및 공장설립에 관한 법률 제13조의 규정에 의한 공장설립 등의 승인 및 동법 제15조의 규정에 의한 공장설립 등의 완료신고

2. 전기사업법 제62조의 규정에 의한 자가용 전기설비공사계획의 인가 및 신고

3. 폐기물관리법 제30조제2항의 규정에 의한 폐기물처리시설의 설치승인 또는 설치신고(변경승인 또는 변경신고를 포함한다)

4. 오수·분뇨 및 축산폐수의 처리에 관한 법률 제9조제2항 및 동법 제10조제2항의 규정에 의한 오수처리시설 또는 단독정화조의 설치신고

5. 소방시설설치유지 및 안전관리에 관한 법률 제7조제1항의 규정에 의한 건축허가 등의 동의, 위험물안전관리법 제6조제1항의 규정에 의한 제조소등의 설치의 허가(제조소등은 공장건축물 또는 그 부속시설에 관계된 것에 한한다)

6. 대기환경보전법 제10조, 「수질환경보전법」 제33조 및 소음·진동규제법 제9조의 규정에 의한 배출시설설치의 허가 및 신고

7. 총포·도검·화약류 등 단속법 제25조제1항의 규정에 의한 화약류저장소 설치의 허가

③사업시행자는 정비사업에 대하여 제1항 및 제2항의 규정에 의한 인·허가 등의 의제를 받고자 하는 경우에는 제28조제1항의 규정에 의한 사업시행인가를 신청하는 때에 해당 법률이 정하는 관계서류를 함께 제출하여야 한다. 다만, 사업시행인가를 신청한 때에 시공자가 선정되어 있지 아니하여 관계서류를 제출할 수 없

는 경우에는 시장·군수가 정하는 기한까지 이를 제출할 수 있다.
<개정 2005.3.18>

④시장·군수는 제28조제1항의 규정에 의한 사업시행인가를 하
거나 사업시행계획서를 작성하고자 함에 있어서 제1항 각호 및
제2항 각호의 규정에 의하여 의제되는 인·허가 등에 해당하는 사
항이 있는 경우에는 미리 관계 행정기관의 장과 협의하여야 하
며, 협의를 요청받은 관계행정기관의 장은 요청받은 날(제3항 단
서의 경우에는 서류가 관계행정기관의 장에게 도달된 날을 말한
다)부터 20일 이내에 의견을 제출하여야 한다. 이 경우 관계행정
기관의 장은 당해 법률에서 규정한 인·허가 등의 기준을 위반하
여 협의에 응하여서는 아니된다. <개정 2005.3.18>

⑤정비사업에 대하여 제1항 및 제2항의 규정에 의하여 다른 법
률에 의한 인·허가 등이 있는 것으로 보는 경우에는 관계 법률
또는 시·도조례에 의하여 당해 인·허가 등의 대가로 부과되는 수
수료 등은 이를 면제한다.

제33조 (사업시행인가의 특례) ①사업시행자는 일부 건축물의 존
치 또는 리모델링(건축물의 노후화 억제 또는 기능향상 등을 위하
여 증축·개축 또는 대수선을 하는 행위를 말한다. 이하 같다)에 관
한 내용이 포함된 사업시행계획서를 작성하여 사업시행인가의 신
청을 할 수 있다. 이 경우 시장·군수는 존치 또는 리모델링되는 건
축물 및 건축물이 있는 토지가 주택법 및 건축법상의 다음 각호의
건축관련 기준에 적합하지 아니하더라도 대통령령이 정하는 기준
에 따라 사업시행인가를 할 수 있다. <개정 2003.5.29>

　1. 주택법 제2조제8호의 규정에 의한 주택단지의 범위

　2. 주택법 제21조 제1항 제2호 및 제3호의 규정에 의한 부대시설 및 복리시설의 설치 기준

　3. 건축법 제33조의 규정에 의한 대지와 도로의 관계

　4. 건축법 제36조의 규정에 의한 건축선의 지정

　5. 건축법 제53조의 규정에 의한 일조 등의 확보를 위한 건축물의 높이 제한

　②사업시행자가 제1항의 규정에 의하여 사업시행계획서를 작성하고자 하는 경우에는 존치 또는 리모델링되는 건축물 소유자의 동의(집합건물의 소유 및 관리에 관한 법률 제2조제2호의 규정에 의한 구분소유자가 있는 경우에는 구분소유자의 3분의 2 이상의 동의와 당해 건축물 연면적의 3분의 2 이상의 구분소유자의 동의로 한다)를 얻어야 한다. 이 경우 동의의 방법 등에 관하여는 제17조의 규정을 준용한다.

제34조 (정비구역의 분할) 시장·군수는 정비사업을 효율적으로 추진하기 위하여 필요하다고 인정하는 경우에는 제4조의 규정에 의한 정비구역을 2 이상의 구역으로 분할할 수 있다.

제35조 (순환정비방식의 정비사업) ①사업시행자는 제2조 제2호 가목 내지 다목의 정비사업을 원활히 시행하기 위하여 정비구역의 내·외에 새로 건설한 주택 또는 이미 건설되어 있는 주택에 그 정비사업의 시행으로 철거되는 주택의 소유자(정비구역 안에서 실제 거주하는 자에 한한다. 이하 제36조제1항에서 같다)가

임시로 거주하게 하는 등의 방식으로 그 정비구역을 순차적으로
정비할 수 있다.

②사업시행자는 제1항의 규정에 의한 방식으로 정비사업을 시
행하는 경우에는 그 임시로 거주하는 주택(이하 "순환용주택"이
라 한다)을 주택법 제38조의 규정에 불구하고 제36조의 규정에
의한 임시수용시설로 사용하거나 임대할 수 있다. 다만, 임시로
거주하는 자가 정비사업이 완료된 후에도 순환용주택에 계속 거
주하기를 희망하는 때에는 이를 분양하거나 계속 임대할 수 있으
며, 이 경우 순환용주택은 제48조의 규정에 따라 인가받은 관리
처분계획에 의하여 토지등소유자에게 처분된 것으로 본다. <개정
2003.5.29>

제4절 정비사업시행을 위한 조치 등

제36조 (임시수용시설의 설치 등) ①사업시행자는 주거환경개선
사업 및 주택재개발사업의 시행으로 철거되는 주택의 소유자에
대하여 당해 정비구역 내·외에 소재한 임대주택 등의 시설에 임
시로 거주하게 하거나 주택자금의 융자알선 등 임시수용에 상응
하는 조치를 하여야 한다. 이 경우 사업시행자는 그 임시수용을
위하여 필요한 때에는 국가·지방자치단체 그 밖의 공공단체 또는
개인의 시설이나 토지를 일시 사용할 수 있다.

②국가 또는 지방자치단체는 사업시행자로부터 제1항의 임시수
용시설에 필요한 건축물이나 토지의 사용신청을 받은 때에는 대
통령령이 정하는 사유가 없는 한 이를 거절하지 못한다. 이 경우

그 사용료 또는 대부료는 이를 면제한다.

③사업시행자는 정비사업의 공사를 완료한 때에는 그 완료한 날부터 30일 이내에 임시수용시설을 철거하고, 그 건축물이나 토지를 원상회복하여야 한다.

제37조 (손실보상) ①제36조의 규정에 의하여 공공단체(지방자치단체를 제외한다) 또는 개인의 시설이나 토지를 일시 사용함으로써 손실을 받은 자가 있는 경우에는 사업시행자는 그 손실을 보상하여야 하며, 손실을 보상함에 있어서는 손실을 받은 자와 협의하여야 한다.

②사업시행자 또는 손실을 받은 자는 제1항의 규정에 의한 손실보상의 협의가 성립되지 아니하거나 협의할 수 없는 경우에는 공익사업을위한토지등의취득및보상에관한법률 제49조의 규정에 의하여 설치되는 관할 토지수용위원회에 재결을 신청할 수 있다.

③손실보상에 관하여는 이 법에 규정된 것을 제외하고는 공익사업을위한 토지 등의 취득 및 보상에 관한 법률을 준용한다.

제38조 (토지 등의 수용 또는 사용) 사업시행자는 정비구역안에서 정비사업(주택재건축사업의 경우에는 제8조제4항제1호의 규정에 해당하는 사업에 한한다. 이하 이 조에서 같다)을 시행하기 위하여 필요한 경우에는 공익사업을위한토지등의취득및보상에관한법률 제3조의 규정에 의한 토지·물건 또는 그 밖의 권리를 수용 또는 사용할 수 있다. <개정 2005.3.18>

제39조 (매도청구) 사업시행자는 주택재건축사업을 시행함에 있어 제16조제2항 및 제3항의 규정에 의한 조합 설립의 동의를 하지 아니한 자(건축물 또는 토지만 소유한 자를 포함한다)의 토지 및 건축물에 대하여는 집합건물의소유및관리에관한법률 제48조의 규정을 준용하여 매도청구를 할 수 있다. 이 경우 재건축결의는 조합 설립의 동의로 보며, 구분소유권 및 대지사용권은 사업시행구역안의 매도청구의 대상이 되는 토지 또는 건축물의 소유권과 그 밖의 권리로 본다.

제40조 (공익사업을위한토지등의취득및보상에관한법률의 준용) ①정비구역 안에서 정비사업의 시행을 위한 토지 또는 건축물의 소유권과 그 밖의 권리에 대한 수용 또는 사용에 관하여는 이 법에 특별한 규정이 있는 경우를 제외하고는 공익사업을위한토지등의취득및보상에관한법률을 준용한다.

②제1항의 규정에 의하여 공익사업을위한토지등의취득및보상에관한법률을 준용함에 있어서 사업시행인가의 고시(시장·군수가 직접 정비사업을 시행하는 경우에는 제28조제3항의 규정에 의한 사업시행계획서의 고시를 말한다. 이하 이 조에서 같다)가 있은 때에는 공익사업을위한토지등의취득및보상에관한법률 제20조제1항 및 제22조제1항의 규정에 의한 사업인정 및 그 고시가 있은 것으로 본다.

③제1항의 규정에 의한 수용 또는 사용에 대한 재결의 신청은 공익사업을위한토지등의취득및보상에관한법률 제23조 및 동법 제28조제1항의 규정에 불구하고 사업시행인가를 할 때 정한 사업시

행기간 이내에 이를 행하여야 한다.

④대지 또는 건축물을 현물보상하는 경우에는 공익사업을위한 토지등의취득및보상에관한법률 제42조의 규정에 불구하고 제52조의 규정에 의한 준공인가 이후에 그 현물보상을 할 수 있다.

제41조 (주택재건축사업의 범위에 관한 특례) ①사업시행자 또는 추진위원회는 주택법 제16조제1항의 규정에 의하여 사업계획승인을 받아 건설한 2 이상의 건축물이 있는 주택단지에 주택재건축사업을 하는 경우, 제16조제2항의 규정에 의한 조합 설립의 동의요건을 충족시키기 위하여 필요한 경우에는 그 주택단지안의 일부 토지에 대하여 건축법 제49조의 규정에 불구하고 분할하고자 하는 토지면적이 동법 동조에서 정하고 있는 면적에 미달되더라도 토지분할을 청구할 수 있다. <개정 2003.5.29>

②사업시행자 또는 추진위원회는 제1항의 규정에 의하여 토지분할청구를 하는 때에는 토지분할대상이 되는 토지 및 그 위의 건축물과 관련된 토지등소유자와 협의하여야 한다.

③사업시행자 또는 추진위원회는 제2항의 규정에 의한 토지분할의 협의가 성립되지 아니한 경우에는 법원에 토지분할을 청구할 수 있다.

④제3항의 규정에 의하여 토지분할이 청구된 경우 시장·군수는 분할되어나갈 토지 및 그 위의 건축물이 다음 각호의 요건을 충족하는 경우에는 토지분할이 완료되지 아니하여 제1항의 규정에 의한 동의요건에 미달되더라도 건축위원회의 심의를 거쳐 제16조의 규정에 의한 조합 설립의 인가와 제28조의 규정에 의한 사업

시행인가를 할 수 있다.

1. 당해 토지 및 건축물과 관련된 토지등소유자의 수가 전체의 10분의 1 이하일 것

2. 분할되어 나가는 토지 위의 건축물이 분할선상에 위치하지 아니할 것

3. 그 밖에 사업시행인가를 위하여 필요한 사항으로서 대통령령이 정하는 요건에 해당할 것

제42조 (건축법 등의 적용특례) ①주거환경개선사업에 따른 건축허가를 받는 때와 부동산등기(소유권 보존등기 또는 이전등기에 한한다)를 하는 때에는 주택법 제68조의 국민주택채권의 매입에 관한 규정은 적용하지 아니한다. <개정 2003.5.29>

②주거환경개선구역 안에서 국토의 계획 및 이용에 관한 법률 제43조제2항의 규정에 의한 도시계획시설의 결정·구조 및 설치의 기준 등에 관하여는 건설교통부령이 따로 정하는 바에 의한다.

③사업시행자는 주거환경개선구역 안에서 다음 각호의 1에 해당하는 사항에 대하여는 시·도조례가 정하는 바에 의하여 그 기준을 따로 정할 수 있다.

1. 건축법 제33조의 규정에 의한 대지와 도로의 관계(소방활동에 지장이 없는 경우에 한한다)

2. 건축법 제51조 및 제53조의 규정에 의한 건축물의 높이제한(사업시행자가 공동주택을 건설·공급하는 경우에 한한다)

제43조 (다른 법령의 적용 및 배제) ①주거환경개선구역은 당해

정비구역의 지정고시가 있은 날부터 국토의 계획 및 이용에 관한 법률 제36조 제1항 제1호 가목 및 제2항의 규정에 의하여 주거지역을 세분하여 정하는 지역 중 대통령령이 정하는 지역으로 결정·고시된 것으로 본다. 다만, 당해 정비구역이 개발제한구역의지정및관리에관한특별조치법 제3조제1항의 규정에 의하여 결정된 개발제한구역인 경우에는 그러하지 아니하다.

②도시개발법 제27조 내지 제48조의 규정은 정비사업과 관련된 환지에 관하여 이를 준용한다. 이 경우 동법 제40조제2항의 규정에 의한 "환지처분을 하는 때"는 이를 "사업시행인가를 하는 때"로 본다.

제44조 (지상권 등 계약의 해지) ①정비사업의 시행으로 인하여 지상권·전세권 또는 임차권의 설정목적을 달성할 수 없는 때에는 그 권리자는 계약을 해지할 수 있다.

②제1항의 규정에 의하여 계약을 해지할 수 있는 자가 가지는 전세금·보증금 그 밖의 계약상의 금전의 반환청구권은 사업시행자에게 이를 행사할 수 있다.

③제2항의 규정에 의한 금전의 반환청구권의 행사에 따라 당해 금전을 지급한 사업시행자는 당해 토지등소유자에게 이를 구상할 수 있다.

④사업시행자는 제3항의 규정에 의한 구상이 되지 아니하는 때에는 당해 토지등소유자에게 귀속될 대지 또는 건축물을 압류할 수 있다.이 경우 압류한 권리는 저당권과 동일한 효력을 가진다.

⑤제16조의 규정에 의한 조합 설립의 인가일(시장·군수 또는

주택공사 등이 단독으로 시행하는 경우에는 제8조제5항의 규정에 의한 고시일을 말한다. 이하 제45조에서 같다) 이후에 체결되는 지상권·전세권설정계약 또는 임대차계약의 계약기간에 대하여는 민법 제280조·제281조 및 제312조제2항, 주택임대차보호법 제4조제1항, 상가건물임대차보호법 제9조제1항의 규정은 이를 적용하지 아니한다. <개정 2005.3.18>

제45조 (소유자의 확인이 곤란한 건축물 등에 대한 처분) ①사업시행자는 정비사업을 시행함에 있어 제16조의 규정에 의한 조합설립의 인가일 현재 건축물 또는 토지의 소유자의 소재확인이 현저히 곤란한 경우에는 전국적으로 배포되는 2 이상의 일간신문에 2회 이상 공고하고, 그 공고한 날부터 30일 이상이 지난 때에는 그 소유자의 소재확인이 현저히 곤란한 건축물 또는 토지의 감정평가액에 해당하는 금액을 법원에 공탁하고 정비사업을 시행할 수 있다.

②주택재건축사업을 시행함에 있어 조합 설립의 인가일 현재 조합원 전체의 공동소유인 토지 또는 건축물에 대하여는 조합 소유의 토지 또는 건축물로 본다.

③제2항의 규정에 의하여 조합 소유로 보는 토지 또는 건축물의 처분에 관한 사항은 제48조제1항의 규정에 의한 관리처분계획에 이를 명시하여야 한다.

④제1항의 규정에 의한 토지 또는 건축물의 감정평가에 관하여는 제48조 제5항 제2호를 준용한다.

제5절 관리처분계획 등

제46조 (분양공고 및 분양신청) ①사업시행자는 제28조제3항의 규정에 의한 사업시행인가의 고시가 있은 날(주택재건축사업의 경우에는 제11조의 규정에 의하여 시공자를 선정하여 계약을 체결한 날)부터 21일 이내에 개략적인 부담금내역 및 분양신청기간 그 밖에 대통령령이 정하는 사항을 토지등소유자에게 통지하고 분양의 대상이 되는 대지 또는 건축물의 내역 등 대통령령이 정하는 사항을 해당 지역에서 발간되는 일간신문에 공고하여야 한다. 이 경우 분양신청기간은 그 통지한 날부터 30일 이상 60일 이내로 하여야 한다. 다만, 사업시행자는 제48조제1항의 규정에 의한 관리처분계획의 수립에 지장이 없다고 판단되는 경우에는 분양신청기간을 20일의 범위 이내에서 연장할 수 있다. <개정 2005.3.18>

②대지 또는 건축물에 대한 분양을 받고자 하는 토지등소유자는 제1항의 규정에 의한 분양신청기간 이내에 대통령령이 정하는 방법 및 절차에 의하여 사업시행자에게 대지 또는 건축물에 대한 분양신청을 하여야 한다.

제47조 (분양신청을 하지 아니한 자 등에 대한 조치) 사업시행자는 토지등소유자가 다음 각호의 1에 해당하는 경우에는 그 해당하게 된 날부터 150일 이내에 대통령령이 정하는 절차에 따라 토지·건축물 또는 그 밖의 권리에 대하여 현금으로 청산하여야 한다.

  1. 분양신청을 하지 아니한 자

2. 분양신청을 철회한 자

3. 제48조의 규정에 의하여 인가된 관리처분계획에 의하여 분양대상에서 제외된 자

제48조 (관리처분계획의 인가 등) ①사업시행자(주거환경개선사업을 제외한다)는 제46조의 규정에 의한 분양신청기간이 종료된 때에는 이 법이 정하는 바에 의하여 기존의 건축물을 철거하기 전에 제46조의 규정에 의한 분양신청의 현황을 기초로 다음 각호의 사항이 포함된 관리처분계획을 수립하여 시장·군수의 인가를 받아야 하며, 관리처분계획을 변경·중지 또는 폐지하고자 하는 경우에도 또한 같다. 다만, 대통령령이 정하는 경미한 사항을 변경하고자 하는 때에는 시장·군수에게 신고하여야 한다.

1. 분양설계

2. 분양대상자의 주소 및 성명

3. 분양대상자별 분양예정인 대지 또는 건축물의 추산액

4. 분양대상자별 종전의 토지 또는 건축물의 명세 및 사업시행인가의 고시가 있은 날을 기준으로 한 가격

5. 정비사업비의 추산액 및 그에 따른 조합원 부담규모 및 부담시기

6. 분양대상자의 종전의 토지 또는 건축물에 관한 소유권 외의 권리명세

7. 그 밖에 정비사업과 관련한 권리 등에 대하여 대통령령이 정하는 사항

②제1항의 규정에 의한 관리처분계획의 내용은 다음 각호의 기

준에 의한다. <개정 2005.3.18>

1. 종전의 토지 또는 건축물의 면적·이용상황·환경 그 밖의 사항을 종합적으로 고려하여 대지 또는 건축물이 균형있게 분양신청자에게 배분되고 합리적으로 이용되도록 한다.

2. 지나치게 좁거나 넓은 토지 또는 건축물에 대하여 필요한 경우에는 이를 증가하거나 감소시켜 대지 또는 건축물이 적정 규모가 되도록 한다.

3. 너무 좁은 토지 또는 건축물이나 정비구역 지정후 분할된 토지를 취득한 자에 대하여는 현금으로 청산할 수 있다.

4. 재해 또는 위생상의 위해를 방지하기 위하여 토지의 규모를 조정할 특별한 필요가 있는 때에는 너무 좁은 토지를 증가시키거나 토지에 갈음하여 보상을 하거나 건축물의 일부와 그 건축물이 있는 대지의 공유지분을 교부할 수 있다.

5. 분양설계에 관한 계획은 제46조의 규정에 의한 분양신청기간이 만료되는 날을 기준으로 하여 수립한다.

6. 1세대가 1 이상의 주택을 소유한 경우 1주택을 공급하고, 2인 이상이 1주택을 공유한 경우에는 1주택만 공급한다. 다만, 다음 각 목의 어느 하나에 해당하는 토지등소유자에 대하여는 소유한 주택수만큼 공급할 수 있다.

가. 투기과열지구 안에 위치하지 아니하는 주택재건축사업의 토지등소유자

나. 근로자(공무원인 근로자를 포함한다)숙소·기숙사 용도로 주택을 소유하고 있는 토지등소유자

다. 국가, 지방자치단체 및 주택공사 등

7. 삭제 <2005.3.18>

③사업시행자는 제46조의 규정에 의하여 분양신청을 받은 후 잔여분이 있는 경우에는 정관 등 또는 사업시행계획이 정하는 목적을 위하여 보류지(건축물을 포함한다)로 정하거나 조합원 외의 자에게 분양할 수 있다. 이 경우 분양공고와 분양신청절차 등 필요한 사항은 대통령령으로 정한다.

④정비사업의 시행으로 조성된 대지 및 건축물은 관리처분계획에 의하여 이를 처분 또는 관리하여야 한다.

⑤주택재개발사업에서 제1항 제3호 및 제4호의 규정에 의한 재산을 평가할 때에는 다음 각호의 방법에 의한다. <개정 2005.1.14>

1. 제1항 제3호의 분양예정인 대지 또는 건축물의 추산액은 시·도의 조례가 정하는 바에 의하여 산정하되, 시장·군수가 추천하는 부동산가격공시 및 감정평가에 관한 법률에 의한 2인 이상의 감정평가업자의 감정평가 의견을 참작하여야 한다.

2. 제1항 제4호에 규정된 사항 중 종전의 토지 또는 건축물의 가격은 시장·군수가 추천하는 부동산가격공시 및 감정평가에 관한 법률에 의한 감정평가업자 2인 이상이 평가한 금액을 산술평균하여 산정한다.

3. 제1호 및 제2호의 규정에 불구하고 관리처분계획을 변경·중지 또는 폐지하고자 하는 경우에는 분양예정인 대지 또는 건축물의 추산액과 종전의 토지 또는 건축물의 가격은 사업시행자 및 토지 등의 소유자 전원이 합의하여 이를 산정할 수 있다.

⑥주택재건축사업에서 사업시행자가 제1항 제3호 및 제4호의

규정에 의한 재산에 대하여 부동산가격공시 및 감정평가에 관한 법률에 의한 감정평가업자의 평가를 받고자 하는 경우에는 제5항 각호의 규정을 준용하여 할 수 있다. <개정 2005.1.15>

⑦제1항의 규정에 의한 관리처분계획의 내용, 관리처분의 방법·기준 등에 관하여 필요한 사항은 대통령령으로 정한다.

⑧제1항 각호의 관리처분계획의 내용과 제2항 내지 제7항의 규정은 시장·군수가 직접 수립하는 관리처분계획에 관하여 이를 준용한다.

제49조 (관리처분계획의 공람 및 인가절차 등) ①사업시행자는 제48조의 규정에 의한 관리처분계획의 인가를 받기 전에 관계서류의 사본을 30일 이상 토지등소유자에게 공람하게 하고 의견을 들어야 한다.

②시장·군수는 사업시행자의 관리처분계획의 인가신청이 있은 날부터 30일 이내에 인가여부를 결정하여 사업시행자에게 통보하여야 한다.

③시장·군수는 제2항의 규정에 의하여 관리처분계획을 인가하는 때에는 그 내용을 당해 지방자치단체의 공보에 고시하여야 한다.

④사업시행자는 제3항의 규정에 의한 고시가 있은 때에는 지체없이 대통령령이 정하는 방법 빛 절차에 의하여 분양신청을 한 자에게 관리처분계획의 인가내용을 통지하여야 한다.

⑤제1항, 제3항 및 제4항의 규정은 시장·군수가 직접 관리처분계획을 수립하는 경우에 이를 준용한다.

⑥제3항의 규정에 의한 고시가 있은 때에는 종전의 토지 또는

건축물의 소유자·지상권자·전세권자·임차권자 등 권리자는 제54
조의 규정에 의한 이전의 고시가 있은 날까지 종전의 토지 또는
건축물에 대하여 이를 사용하거나 수익할 수 없다. 다만, 사업시
행자의 동의를 얻은 경우에는 그러하지 아니하다.

제50조 (주택의 공급 등) ①사업시행자는 정비사업(주거환경개선
사업은 제외한다)의 시행으로 건설된 건축물은 제48조의 규정에
의하여 인가된 관리처분계획에 따라 토지등소유자에게 공급하여
야 한다.

②사업시행자가 정비구역 안에 주택을 건설하는 경우에는 입주
자 모집조건·방법·절차, 입주금(계약금·중도금 및 잔금을 말한다)
의 납부방법·시기·절차, 주택공급방법·절차 등에 관하여는 주택법
제38조의 규정에 불구하고 대통령령이 정하는 범위 안에서 시장·
군수의 승인을 얻어 사업시행자가 이를 따로 정할 수 있다. <개
정 2003.5.29>

③정비사업의 시행으로 임대주택을 건설하는 경우에 임차인의
자격·선정방법·임대보증금·임대료 등 임대조건에 관한 기준 및
무주택세대주에게 우선 매각하도록 하는 기준 등에 관하여는 임
대주택법 제14조 및 제15조의 규정에 불구하고 대통령령이 정하
는 범위 안에서 시장·군수의 승인을 얻어 사업시행자가 이를 따
로 정할 수 있다. 다만, 재건축임대주택의 임차인의 자격 등에 관
하여는 대통령령이 정하는 범위 안에서 인수자가 이를 따로 정한
다. <개정 2005.3.18>

④사업시행자는 제1항 내지 제3항의 규정에 의한 공급대상자에

게 주택을 공급하고 남은 주택에 대하여는 제1항 내지 제3항의 규정에 의한 공급대상자외의 자에게 공급할 수 있다. 이 경우 주택의 공급방법·절차 등에 관하여는 주택법 제38조의 규정을 준용한다. <개정 2003.5.29>

⑤사업시행자는 제2항의 규정에 의하여 주택을 공급하는 때에 제48조제2항제6호의 규정에 의한다. <개정 2005.3.18>

제51조 (시공보증) ①조합이 정비사업의 시행을 위하여 시장·군수 또는 주택공사 등이 아닌 자를 시공자로 선정(제8조제1항 또는 제3항의 규정에 의한 공동사업시행자가 시공하는 경우를 포함한다)한 경우 그 시공자는 공사의 시공보증(시공자가 공사의 계약상 의무를 이행하지 못하거나 의무이행을 하지 아니할 경우 보증기관에서 시공사를 대신하여 계약이행의무를 부담하거나 일정금액을 납부할 것을 보증하는 것을 말한다)을 위하여 건설교통부령이 정하는 기관의 시공보증서를 조합에 제출하여야 한다. <개정 2005.3.18>

②시장·군수는 건축법 제16조의 규정에 의한 착공신고를 받는 경우에는 제1항의 규정에 의한 시공보증서 제출여부를 확인하여야 한다.

제6절 공사완료에 따른 조치 등

제52조 (정비사업의 준공인가) ①시장·군수가 아닌 사업시행자는 정비사업에 관한 공사를 완료한 때에는 대통령령이 정하는 방법

및 절차에 의하여 시장·군수의 준공인가를 받아야 한다.

②제1항의 규정에 의하여 준공인가신청을 받은 시장·군수는 지체없이 준공검사를 실시하여야 한다. 이 경우 시장·군수는 효율적인 준공검사를 위하여 필요한 때에는 관계행정기관·정부투자기관·연구기관 그 밖의 전문기관 또는 단체에 준공검사의 실시를 의뢰할 수 있다.

③시장·군수는 제2항 전단 또는 후단의 규정에 의한 준공검사의 실시결과 정비사업이 인가받은 사업시행계획대로 완료되었다고 인정하는 때에는 준공인가를 하고 공사의 완료를 당해 지방자치단체의 공보에 고시하여야 한다.

④시장·군수는 직접 시행하는 정비사업에 관한 공사가 완료된 때에는 그 공사의 완료를 당해 지방자치단체의 공보에 고시하여야 한다.

⑤시장·군수는 제1항의 규정에 의한 준공인가를 하기 전이라도 완공된 건축물이 사용에 지장이 없는 등 대통령령이 정하는 기준에 적합한 경우에는 입주예정자가 완공된 건축물을 사용할 것을 사업시행자에 대하여 허가할 수 있다. 다만, 자신이 사업시행자인 경우에는 허가를 받지 아니하고 입주예정자가 완공된 건축물을 사용하게 할 수 있다.

⑥제3항 및 제4항의 규정에 의한 공사완료의 고시절차 및 방법 그 밖에 필요한 사항은 대통령령으로 정한다.

제53조 (공사완료에 따른 관련 인·허가 등의 의제) ①제52조제1항 내지 제4항의 규정에 의하여 준공인가를 하거나 공사완료의

고시를 함에 있어 시장·군수가 제32조의 규정에 의하여 의제되는 인·허가 등에 따른 준공검사·준공인가·사용검사·사용승인 등(이하 "준공검사·인가 등"이라 한다)에 관하여 제3항의 규정에 의하여 관계행정기관의 장과 협의한 사항에 대하여는 당해 준공검사·인가 등을 받은 것으로 본다.

②시장·군수가 아닌 사업시행자는 제1항의 규정에 의한 준공검사·인가 등의 의제를 받고자 하는 경우에는 제52조제1항의 규정에 의한 준공인가를 신청하는 때에 해당 법률이 정하는 관계서류를 함께 제출하여야 한다.

③시장·군수는 제52조제1항 내지 제4항의 규정에 의한 준공인가를 하거나 공사완료의 고시를 함에 있어서 그 내용에 제32조의 규정에 의하여 의제되는 인·허가 등에 따른 준공검사·인가 등에 해당하는 사항이 있은 때에는 미리 관계행정기관의 장과 협의하여야 한다.

④제32조제5항의 규정은 제1항의 규정에 의한 준공검사·인가 등의 의제에 관하여 이를 준용한다.

제54조 (이전고시 등) ①사업시행자는 제52조제3항 및 제4항의 규정에 의한 고시가 있은 때에는 지체없이 대지확정측량을 하고 토지의 분할절차를 거쳐 관리처분계획에 정한 사항을 분양을 받을 자에게 통지하고 대지 또는 건축물의 소유권을 이전하여야 한다. 다만, 정비사업의 효율적인 추진을 위하여 필요한 경우에는 당해 정비사업에 관한 공사가 전부 완료되기 전에 완공된 부분에 대하여 준공인가를 받아 대지 또는 건축물별로 이를 분양받을 자

에게 그 소유권을 이전할 수 있다.

　②사업시행자는 제1항의 규정에 의하여 대지 및 건축물의 소유
권을 이전한 때에는 그 내용을 당해 지방자치단체의 공보에 고시
한 후 이를 시장·군수에게 보고하여야 한다.

제55조 (대지 및 건축물에 대한 권리의 확정) ①대지 또는 건축
물을 분양받을 자에게 제54조제2항의 규정에 의하여 소유권을 이
전한 경우 종전의 토지 또는 건축물에 설정된 지상권·전세권·저
당권·임차권·가등기담보권·가압류 등 등기된 권리 및 주택임대차
보호법 제3조제1항의 요건을 갖춘 임차권은 소유권을 이전받은
대지 또는 건축물에 설정된 것으로 본다.

　②제1항의 규정에 의하여 취득하는 대지 또는 건축물중 토지등
소유자에게 분양하는 대지 또는 건축물은 도시개발법 제39조의
규정에 의하여 행하여진 환지로 보며, 제48조제3항의 규정에 의
한 보류지와 일반에게 분양하는 대지 또는 건축물은 도시개발법
제33조의 규정에 의한 보류지 또는 체비지로 본다.

제56조 (등기절차 및 권리변동의 제한) ①사업시행자는 제54조제
2항의 규정에 의한 이전의 고시가 있은 때에는 지체없이 대지 및
건축물에 관한 등기를 지방법원지원 또는 등기소에 촉탁 또는 신
청하여야 한다.

　②제1항의 등기에 관하여 필요한 사항은 대법원규칙으로 정한다.

　③정비사업에 관하여 제54조제2항의 규정에 의한 이전의 고시
가 있은 날부터 제1항의 규정에 의한 등기가 있을 때까지는 저당

권 등의 다른 등기를 하지 못한다.

제57조 (청산금 등) ①대지 또는 건축물을 분양받은 자가 종전에 소유하고 있던 토지 또는 건축물의 가격과 분양받은 대지 또는 건축물의 가격사이에 차이가 있는 경우에는 사업시행자는 제54조제2항의 규정에 의한 이전의 고시가 있은 후에 그 차액에 상당하는 금액(이하 "청산금"이라 한다)을 분양받은 자로부터 징수하거나 분양받은 자에게 지급하여야 한다. 다만, 정관 등에서 분할징수 및 분할지급에 대하여 정하고 있거나 총회의 의결을 거쳐 따로 정한 경우에는 관리처분계획인가후부터 제54조제2항의 규정에 의한 이전의 고시일까지 일정기간별로 분할징수하거나 분할지급할 수 있다.
　②제1항의 규정을 적용함에 있어서 종전에 소유하고 있던 토지 또는 건축물의 가격과 분양받은 대지 또는 건축물의 가격은 그 토지 또는 건축물의 규모·위치·용도·이용상황·정비사업비 등을 참작하여 평가하여야 한다.
　③제2항의 규정에 의한 가격평가의 방법 및 절차 등에 관하여 필요한 사항은 대통령령으로 정한다.

제58조 (청산금의 징수방법 등) ①청산금을 납부할 자가 이를 납부하지 아니하는 경우에는 시장·군수인 사업시행자는 지방세체납처분의 예에 의하여 이를 징수(분할징수를 포함한다. 이하 이 조에서 같다)할 수 있으며, 시장·군수가 아닌 사업시행자는 시장·군수에게 청산금의 징수를 위탁할 수 있다. 이 경우 제61조 제5항

의 규정을 준용한다.

　②제57조 제1항의 규정에 의한 청산금을 지급받을 자가 이를 받을 수 없거나 거부한 때에는 사업시행자는 그 청산금을 공탁할 수 있다.

　③청산금을 지급(분할지급을 포함한다)받을 권리 또는 이를 징수할 권리는 제54조 제2항의 규정에 의한 이전의 고시일 다음 날부터 5년간 이를 행사하지 아니하면 소멸한다.

제59조 (저당권의 물상대위) 정비사업을 시행하는 지역 안에 있는 토지 또는 건축물에 저당권을 설정한 권리자는 저당권이 설정된 토지 또는 건축물의 소유자가 지급받을 청산금에 대하여 청산금을 지급하기 전에 압류절차를 거쳐 저당권을 행사할 수 있다.

제4장 비용의 부담 등

제60조 (비용부담의 원칙) ①정비사업비는 이 법 또는 다른 법령에 특별한 규정이 있는 경우를 제외하고는 사업시행자가 부담한다.

　②시장·군수는 시장·군수가 아닌 사업시행자가 시행하는 정비사업의 정비계획에 따라 설치되는 도시계획시설 중 대통령령이 정하는 주요 정비기반시설 및 제36조의 규정에 의한 임시수용시설(이하 "임시수용시설"이라 한다)에 대하여는 그 건설에 소요되는 비용의 전부 또는 일부를 부담할 수 있다. <개정 2005.3.18>

제61조 (비용의 조달) ①사업시행자는 토지등소유자로부터 제60

조제1항의 규정에 의한 비용과 정비사업의 시행과정에서 발생한 수입의 차액을 부과금으로 부과·징수할 수 있다.

②사업시행자는 토지등소유자가 제1항의 규정에 의한 부과금의 납부를 태만히 한 때에는 연체료를 부과·징수할 수 있다.

③제1항 및 제2항의 규정에 의한 부과금 및 연체료의 부과·징수에 관하여 필요한 사항은 정관 등으로 정한다.

④시장·군수가 아닌 사업시행자는 부과금 또는 연체료를 체납하는 자가 있는 때에는 시장·군수에게 그 부과·징수를 위탁할 수 있다.

⑤시장·군수는 제4항의 규정에 의하여 부과·징수를 위탁받은 경우에는 지방세체납처분의 예에 의하여 이를 부과·징수할 수 있다. 이 경우 사업시행자는 징수한 금액의 100분의 4에 해당하는 금액을 당해 시장·군수에게 교부하여야 한다.

제62조 (정비기반시설 관리자의 비용부담) ①시장·군수는 그가 시행하는 정비사업으로 인하여 현저한 이익을 받는 정비기반시설의 관리자가 있는 경우에는 대통령령이 정하는 방법 및 절차에 따라 당해 정비사업비의 일부를 그 정비기반시설의 관리자와 협의하여 그 관리자에게 이를 부담시킬 수 있다.

②사업시행자는 정비사업을 시행하는 지역에 전기·가스 등의 공급시설을 설치하기 위하여 공동구를 설치하는 경우에는 다른 법령에 의하여 그 공동구에 수용될 시설을 설치할 의무가 있는 자에게 공동구의 설치에 소요되는 비용을 부담시킬 수 있다.

③제2항의 비용부담의 비율 및 부담방법과 공동구의 관리에 관

하여 필요한 사항은 건설교통부령으로 정한다.

제63조 (보조 및 융자) ①국가 또는 시·도는 시장·군수 또는 주택
공사 등이 시행하는 정비사업에 관한 기초조사 및 정비사업의 시
행에 필요한 시설로서 대통령령이 정하는 정비기반시설 및 임시
수용시설의 건설에 소요되는 비용의 일부를 보조하거나 융자할
수 있다. <개정 2005.3.18>

②시장·군수는 사업시행자가 주택공사등인 주거환경개선사업과
관련하여 제1항의 규정에 의한 정비기반시설 및 임시수용시설을
건설하는 경우 건설에 소요되는 비용의 전부 또는 일부를 주택공
사 등에게 보조하여야 한다. <개정 2005.3.18>

③국가 또는 지방자치단체는 시장·군수가 아닌 사업시행자가
시행하는 정비사업에 소요되는 비용의 일부를 보조 또는 융자하
거나 융자를 알선할 수 있다.

제64조 (정비기반시설의 설치 등) ①사업시행자는 관할지방자치
단체장과의 협의를 거쳐 정비구역 안에 정비기반시설을 설치하여
야 한다.

②제1항의 규정에 의한 정비기반시설의 설치를 위하여 토지 또
는 건축물이 수용된 자는 당해 정비구역 안에 소재하는 대지 또
는 건축물로서 매각대상이 되는 대지 또는 건축물에 대하여 제50
조제4항의 규정에 불구하고 다른 사람에 우선하여 매수청구할 수
있다. 이 경우 당해 대지 또는 건축물이 국가 또는 지방자치단체
의 소유인 때에는 국유재산법 제12조 또는 지방재정법 제77조의

규정에 의한 국유재산관리계획 또는 공유재산관리계획과 국유재산법 제33조 또는 지방재정법 제61조의 규정에 의한 계약의 방법에 불구하고 수의계약에 의하여 매각할 수 있다.

③시·도지사는 제4조의 규정에 의하여 정비구역을 지정함에 있어서 정비구역의 진입로 설치를 위하여 필요한 경우에는 진입로 지역과 그 인접지역을 포함하여 정비구역을 지정할 수 있다.

④제2항의 규정에 의한 매각대금의 결정방법·납부기간 및 납부방법 등에 관하여 필요한 사항은 대통령령으로 정한다.

제65조 (정비기반시설 및 토지 등의 귀속) ①시장·군수 또는 주택공사 등이 정비사업의 시행으로 새로이 정비기반시설을 설치하거나 기존의 정비기반시설에 대체되는 정비기반시설을 설치한 경우에는 국유재산법 또는 지방재정법의 규정에 불구하고 종래의 정비기반시설은 사업시행자에게 무상으로 귀속되고, 새로이 설치된 정비기반시설은 그 시설을 관리할 국가 또는 지방자치단체에 무상으로 귀속된다.

②시장·군수 또는 주택공사 등이 아닌 사업시행자가 정비사업의 시행으로 새로이 설치한 정비기반시설은 그 시설을 관리할 국가 또는 지방자치단체에 무상으로 귀속되고, 정비사업의 시행으로 인하여 용도가 폐지되는 국가 또는 지방자치단체 소유의 정비기반시설은 그가 새로이 설치한 정비기반시설의 설치비용에 상당하는 범위 안에서 사업시행자에게 무상으로 양도된다.

③시장·군수는 제1항 및 제2항의 규정에 의한 정비기반시설의 귀속 및 양도에 관한 사항이 포함된 정비사업을 시행하고자 하거

나 그 시행을 인가하고자 하는 경우에는 미리 그 관리청의 의견을 들어야 한다. 인가받은 사항을 변경하고자 하는 경우에도 또한 같다.

④사업시행자는 제1항 및 제2항의 규정에 의하여 관리청에 귀속될 정비기반시설과 사업시행자에게 귀속 또는 양도될 재산의 종류와 세목을 정비사업의 준공 전에 관리청에 통지하여야 하며, 당해 정비기반시설은 그 정비사업이 준공인가되어 관리청에 준공인가통지를 한 때에 국가 또는 지방자치단체에 귀속되거나 사업시행자에게 귀속 또는 양도된 것으로 본다.

⑤제4항의 규정에 의한 정비기반시설의 등기에 있어서는 정비사업의 시행인가서와 준공인가서(시장·군수가 직접 정비사업을 시행하는 경우에는 제28조제3항의 규정에 의한 사업시행인가의 고시와 제52조제4항의 규정에 의한 공사완료의 고시를 말한다)는 부동산등기법에 의한 등기원인을 증명하는 서류에 갈음한다.

제66조 (국·공유재산의 처분 등) ①시장·군수는 제28조 및 제30조의 규정에 의하여 인가하고자 하는 사업시행계획 또는 직접 작성하는 사업시행계획서에 국·공유재산의 처분에 관한 내용이 포함되어 있는 때에는 미리 관리청과 협의하여야 한다. 이 경우 관리청이 불분명한 재산중 도로·하천·구거 등에 대하여는 건설교통부장관을, 그 외의 재산에 대하여는 재정경제부장관을 관리청으로 본다.

②제1항의 규정에 의하여 협의를 받은 관리청은 20일 이내에 의견을 제시하여야 한다.

③정비구역안의 국·공유재산은 정비사업외의 목적으로 매각하거나 양도할 수 없다.

④정비구역안의 국·공유재산은 국유재산법 제12조 또는 지방재정법 제77조의 규정에 의한 국유재산관리계획 또는 공유재산관리계획과 국유재산법 제33조 및 지방재정법 제61조의 규정에 의한 계약의 방법에 불구하고 사업시행자 또는 점유자 및 사용자에게 다른 사람에 우선하여 수의계약으로 매각 또는 임대할 수 있다.

⑤제4항의 규정에 의하여 다른 사람에 우선하여 매각 또는 임대할 수 있는 국·공유재산은 국유재산법·지방재정법 그 밖에 국·공유지의 관리와 처분에 관하여 규정한 관계 법령의 규정에 불구하고 사업시행인가의 고시가 있은 날부터 종전의 용도가 폐지된 것으로 본다.

⑥제4항의 규정에 의하여 정비사업을 목적으로 우선 매각하는 국·공유지의 평가는 사업시행인가의 고시가 있은 날을 기준으로 하여 행하며, 주거환경개선사업의 경우 매각가격은 이 평가금액의 100분의 80으로 한다. 다만, 사업시행인가의 고시가 있은 날부터 3년 이내에 매매계약을 체결하지 아니한 국·공유지는 국유재산법 또는 지방재정법이 정하는 바에 의한다.

제67조 (국·공유재산의 임대) ①지방자치난체 또는 주닉공사 등은 주거환경개선구역 및 주택재개발구역에서 임대주택(임대주택법 제2조제1호의 규정에 의한 임대주택을 말한다. 이하 같다)을 건설하는 경우에는 국유재산법 제36조제1항 또는 지방재정법 제83조의 규정에 불구하고 국·공유지 관리청과 협의하여 정한 기간

동안 국·공유지를 임대할 수 있다.

②시장·군수는 제1항의 규정에 의하여 임대하는 국·공유지는 국유재산법 제38조제1항 또는 지방재정법 제83조의 규정에 불구하고 그 토지위에 공동주택 그 밖의 영구건축물을 축조하게 할 수 있다. 이 경우 당해 시설물의 임대기간이 종료되는 때에는 임대한 국·공유지 관리청에 기부 또는 원상으로 회복시켜서 반환하거나 국·공유지 관리청으로부터 매입하여야 한다.

③제1항의 규정에 의하여 임대하는 국·공유지의 임대료는 국유재산법 또는 지방재정법이 정하는 바에 의한다.

제68조 (국·공유지의 무상양여 등) ①주거환경개선구역 안에서 국가 또는 지방자치단체가 소유하는 토지는 제28조제3항의 규정에 의한 사업시행인가의 고시가 있은 날부터 종전의 용도가 폐지된 것으로 보며, 국유재산법·지방재정법 그 밖에 국·공유지의 관리 및 처분에 관하여 규정한 관계법령의 규정에 불구하고 당해 사업시행자에게 무상으로 양여된다. 다만, 국유재산법 제4조제1항 또는 지방재정법 제72조제2항의 규정에 의한 행정재산 또는 보존재산과 국가 또는 지방자치단체가 양도계약을 체결하여 정비구역지정 고시일 현재 대금의 일부를 수령한 토지에 대하여는 그러하지 아니하다.

②주거환경개선구역 안에서 국가 또는 지방자치단체가 소유하는 토지는 제4조제3항에 의한 정비구역지정의 고시가 있은 날부터 정비사업외의 목적으로 이를 양도하거나 매각할 수 없다.

③제1항의 규정에 의하여 무상양여된 토지의 사용수익 또는 처

분으로 인한 수입은 주거환경개선사업외의 용도로 이를 사용할
수 없다.

④시장·군수는 제1항의 규정에 의한 무상양여의 대상이 되는
국·공유지를 소유 또는 관리하고 있는 국가 또는 지방자치단체와
협의를 하여야 한다.

⑤사업시행자에게 양여된 토지의 관리처분에 관하여 필요한 사
항은 건설교통부장관의 승인을 얻어 당해 시·도조례 또는 주택공
사등의 시행규정으로 정한다.

제5장 정비사업전문관리업

제69조 (정비사업전문관리업의 등록) ①정비사업의 시행을 위하
여 필요한 다음 각호의 사항을 추진위원회 또는 조합으로부터 위
탁받거나 이와 관련한 자문을 하고자 하는 자는 대통령령이 정하
는 자본·기술인력 등의 기준을 갖춰 건설교통부장관에게 등록 또
는 변경(대통령령이 정하는 경미한 사항의 변경을 제외한다)등록
하여야 한다. 다만, 주택의 건설·감정평가 등 정비사업관련 업무
를 하는 정부투자기관 등으로 대통령령이 정하는 기관의 경우에
는 그러하지 아니하다. <개정 2005.3.18>

  1. 조합 설립의 동의 및 정비사업의 동의에 관한 업무의 대행
  2. 조합 설립인가의 신청에 관한 업무의 대행
  3. 사업성 검토 및 정비사업의 시행계획서의 작성
  4. 설계자 및 시공자 선정에 관한 업무의 지원
  5. 사업시행인가의 신청에 관한 업무의 대행

6. 분양 및 관리처분계획의 수립에 관한 업무의 대행

7. 설계도서의 검토 및 공사비 변동내역의 검토

8. 그 밖에 조합의 업무중 조합이 요청하는 것

②제1항의 규정에 의한 등록의 절차 및 방법, 등록수수료 등에 관하여 필요한 사항은 대통령령으로 정한다.

제70조 (정비사업전문관리업자의 업무제한 등) 정비사업전문관리업자는 동일한 정비사업에 대하여 다음 각호의 업무를 병행하여 수행할 수 없다.

1. 건축물의 철거

2. 정비사업의 설계

3. 정비사업의 시공

4. 정비사업의 회계감사

5. 그 밖에 정비사업의 공정한 질서유지에 필요하다고 인정하여 대통령령이 정하는 업무

제71조 (정비사업전문관리업자와 위탁자와의 관계) 정비사업전문관리업자에게 업무를 위탁하거나 자문을 요청한 자와 정비사업전문관리업자 사이의 관계에 관하여 이 법에 규정이 있는 것을 제외하고는 민법중 위임에 관한 규정을 준용한다.

제72조 (정비사업전문관리업자의 결격사유) ①다음 각호의 1에 해당하는 자는 정비사업전문관리업의 등록을 신청할 수 없으며, 정비사업전문관리업자의 업무를 대표 또는 보조하는 임직원이 될

수 없다. <개정 2005.3.31>

  1. 미성년자·금치산자 또는 한정치산자

  2. 파산선고를 받은 자로서 복권되지 아니한 자

  3. 금고 이상의 실형의 선고를 받고 그 집행이 종료(종료된 것
으로 보는 경우를 포함한다)되거나 집행이 면제된 날부터 2년이
경과되지 아니한 자

  4. 금고 이상의 형의 집행유예를 받고 그 유예기간 중에 있는
자

  5. 이 법을 위반하여 벌금형의 선고를 받고 1년이 경과되지 아
니한 자

  6. 제73조의 규정에 의하여 등록이 취소된 후 2년이 경과되지
아니한 자

  7. 법인의 업무를 대표 또는 보조하는 임직원중 제1호 내지 제
6호의 1에 해당하는 자가 있는 법인

  ②정비사업전문관리업자의 업무를 대표 또는 보조하는 임직원
이 제1항 각호의 1에 해당하게 되거나 선임 당시 그에 해당하는
자이었음이 판명된 때에는 당연 퇴직한다.

  ③제2항의 규정에 의하여 퇴직된 임직원이 퇴직 전에 관여한
행위는 그 효력을 잃지 아니한다.

제73조 (정비사업전문관리업의 등록취소 등) ①건설교통부장관은
정비사업전문관리업자가 다음 각호의 1에 해당하는 때에는 그 등
록을 취소하거나 1년 이내의 기간을 정하여 업무의 전부 또는 일
부의 정지를 명할 수 있다. 다만, 제1호·제6호 및 제7호에 해당하

는 때에는 그 등록을 취소하여야 한다.

1. 사위 그 밖의 부정한 방법으로 등록을 한 때

2. 제69조제1항의 규정에 의한 등록기준에 미달하게 된 때

3. 고의 또는 과실로 조합에게 계약금액(정비사업전문관리업자가 조합과 체결한 총계약금액을 말한다)의 3분의 1 이상의 재산상 손실을 끼친 때

4. 제74조의 규정에 의한 보고·자료제출을 하지 아니하거나 허위로 한 때 또는 조사·검사를 거부·방해 또는 기피한 때

5. 제75조의 규정에 의한 보고·자료제출을 하지 아니하거나 허위로 한 때 또는 조사를 거부·방해 또는 기피한 때

6. 최근 3년간 2회 이상의 업무정지처분을 받은 자로서 그 정지처분을 받은 기간이 합산하여 12월을 초과한 때

7. 다른 사람에게 자기의 성명 또는 상호를 사용하여 이 법이 정한 업무를 수행하게 하거나 등록증을 대여한 때

8. 그 밖에 이 법 또는 이 법에 의한 명령이나 처분을 위반한 때

②제1항의 규정에 의한 등록의 취소 및 업무의 정지처분에 관한 기준은 대통령령으로 정한다.

③정비사업전문관리업자는 제1항의 규정에 의하여 등록취소처분 등을 받은 경우에는 당해 내용을 지체 없이 사업시행자에게 통지하여야 한다. <신설 2005.3.18>

④정비사업전문관리업자는 제1항의 규정에 의하여 등록취소처분 등을 받기 전에 계약을 체결한 업무는 이를 계속하여 수행할 수 있다. 이 경우 정비사업전문관리업자는 당해 업무를 완료할 때까지는 정비사업전문관리업자로 본다. <신설 2005.3.18>

⑤정비사업전문관리업자는 제4항 전단의 규정에 불구하고 다음 각호의 어느 하나에 해당하는 경우에는 업무를 계속하여 수행할 수 없다. <신설 2005.3.18>

1. 사업시행자가 제3항의 규정에 의한 통지를 받거나 처분사실을 안 날부터 3월 이내에 총회 또는 대의원회의 의결을 거쳐 당해 업무계약을 해지한 경우

2. 정비사업전문관리업자가 등록취소처분 등을 받은 날부터 3월 이내에 사업시행자로부터 업무의 계속수행에 대하여 동의를 받지 못한 경우. 이 경우 사업시행자가 동의를 하고자 하는 때에는 총회 또는 대의원회의 의결을 거쳐야 한다.

3. 제1항 단서의 규정에 의하여 등록이 취소된 경우

제74조 (정비사업전문관리업자에 대한 조사 등) ①건설교통부장관은 정비사업전문관리업자에 대하여 그 업무의 감독상 필요한 때에는 그 업무에 관한 사항을 보고하게 하거나 자료의 제출 그 밖의 필요한 명령을 할 수 있으며, 소속 공무원으로 하여금 영업소 등에 출입하여 장부·서류 등을 조사 또는 검사하게 할 수 있다.

②제1항의 규정에 의하여 출입·검사 등을 하는 공무원은 그 권한을 표시하는 증표를 지니고 이를 관계인에게 내보여야 한다.

제6장 감독 등

제75조 (자료의 제출 등) ①시·도지사는 건설교통부령이 정하는 방법 및 절차에 의하여 정비사업추진실적을 분기별로 건설교통부

장관에게, 시장·군수는 시·도조례가 정하는 바에 의하여 정비사업의 추진실적을 시·도지사에게 보고하여야 한다.

②건설교통부장관, 시·도지사 또는 시장·군수는 정비사업의 원활한 시행을 위하여 감독상 필요하다고 인정하는 때에는 추진위원회·사업시행자·정비사업전문관리업자·철거업자·설계자 및 시공자 등 이 법에 의한 업무를 하는 자에 대하여 건설교통부령이 정하는 내용에 따라 보고 또는 자료의 제출을 명할 수 있으며 소속 공무원으로 하여금 그 업무에 관한 사항을 조사하게 할 수 있다.

③제2항의 규정에 의하여 업무를 조사하는 공무원은 건설교통부령이 정하는 방법 및 절차에 따라 조사일시·조사목적 등을 미리 알려주어야 한다.

제76조 (회계감사) 시장·군수 또는 주택공사 등이 아닌 사업시행자는 대통령령이 정하는 방법 및 절차에 의하여 각호의 1에 해당하는 시기에 주식회사의 외부감사에 관한 법률 제3조의 규정에 의한 감사인의 회계감사를 받아야 하며, 그 감사결과를 회계감사가 종료된 날부터 15일 이내에 시장·군수에게 보고하고 이를 당해 조합에 보고하여 조합원이 공람할 수 있도록 하여야 한다.

1. 제15조제5항의 규정에 의하여 추진위원회에서 조합으로 인계되기 전 7일 이내

2. 제28조제3항의 규정에 의한 사업시행인가의 고시일부터 20일 이내

3. 제52조제1항의 규정에 의한 준공인가의 신청일부터 7일 이내

제77조 (감독) ①정비사업의 시행이 이 법 또는 이 법에 의한 명령·처분이나 사업시행계획서 또는 관리처분계획에 위반되었다고 인정되는 때에는 정비사업의 적정한 시행을 위하여 필요한 범위 안에서 건설교통부장관은 시·도지사, 시장·군수, 사업시행자 또는 정비사업전문관리업자에게, 시·도지사는 시장·군수, 사업시행자 또는 정비사업전문관리업자에게, 시장·군수는 사업시행자 또는 정비사업전문관리업자에게 그 처분의 취소·변경 또는 정지, 그 공사의 중지·변경, 임원의 개선 권고 그 밖의 필요한 조치를 취할 수 있다.

②시장·군수는 사정변경으로 인하여 정비사업의 계속시행이 현저히 공익을 해할 우려가 있다고 인정하는 때에는 이 법에 의한 인가 또는 승인을 취소하거나 사업시행자에게 공사의 중지·변경 그 밖의 필요한 처분이나 조치를 명할 수 있다.

③건설교통부장관은 이 법에 의한 정비사업의 원활한 시행을 위하여 관계공무원 및 전문가로 구성된 점검반을 구성하여 정비사업 현장조사를 통하여 분쟁의 조정, 위법사항의 시정요구 등 필요한 조치를 할 수 있다. 이 경우 관할 지방자치단체의 장과 조합 등은 대통령령이 정하는 자료의 제공 등 점검반의 활동에 적극 협조하여야 한다.

④제75조제3항의 규정은 제3항의 정비사업 현장조사를 하는 공무원에 대하여 이를 준용한다.

제78조 (청문) 건설교통부장관, 시·도지사 또는 시장·군수는 다음 각호의 1에 해당하는 처분을 하고자 하는 경우에는 청문을 실시

하여야 한다.

  1. 제73조제1항의 규정에 의한 정비사업전문관리업의 등록취소
  2. 제77조제2항의 규정에 의한 조합 설립인가의 취소, 사업시행
인가의 취소 또는 관리처분계획인가의 취소

제7장 보칙

제79조(정비구역 안에서의 건축물의 유지·관리) ①시장·군수는 정
비사업으로 건축된 건축물에 대하여 기본계획 및 정비계획에 포
함된 건축기준에 적합하게 유지·관리하여야 한다.

  ②시장·군수는 제52조제3항 및 제4항의 규정에 의한 공사완료
의 고시가 된 후에 정비기반시설의 설치가 필요한 경우에는 제1
항의 규정에 불구하고 국토의 계획 및 이용에 관한 법률 제85조
내지 제100조의 규정에 의한 도시계획시설의 설치에 관한 규정을
적용하여 이를 설치할 수 있다.

제80조 (주택재개발사업의 시행방식의 전환) ①시장·군수는 제9
조제1항의 규정에 의하여 사업대행자를 지정하거나, 토지등소유
자의 5분의 4 이상의 요구가 있어 제6조제2항의 규정에 의한 주
택재개발사업의 시행방식의 전환이 필요하다고 인정하는 경우에
는 정비사업이 완료되기 전이라도 대통령령이 정하는 범위 안에
서 정비구역의 전부 또는 일부에 대하여 시행방식의 전환을 승인
할 수 있다.

  ②사업시행자는 제1항의 규정에 의하여 시행방식을 전환하기

위하여 관리처분계획을 변경하고자 하는 경우 토지면적의 3분의
2 이상의 동의와 토지등소유자의 5분의 4 이상의 동의를 얻어야
하며 변경절차에 관하여는 제48조제1항의 관리처분계획 변경에
관한 규정을 준용한다.

③사업시행자는 제1항의 정비구역 일부에 대하여 시행방식을
변경하고자 하는 경우에 주택재개발사업이 완료된 부분에 대하여
는 제52조의 규정에 따라 준공인가를 거쳐 당해 지방자치단체의
공보에 공사완료의 고시를 하여야 하며, 변경하고자 하는 부분에
대하여는 이 법에서 정하고 있는 절차에 따라 시행방식을 전환하
여야 한다.

④제3항의 규정에 따라 공사완료의 고시를 한 때에는 지적법
제26조제2항의 규정에 불구하고 관리처분계획의 내용에 따라 제
54조의 규정에 의한 이전이 된 것으로 본다.

제81조 (관련자료의 공개와 보존 등) ①사업시행자는 정비사업시
행에 관하여 대통령령이 정하는 서류 및 관련자료를 인터넷 등을
통하여 공개하여야 하며, 조합원 또는 토지등소유자의 공람요청
이 있는 경우에는 이를 공람시켜 주어야 한다.

②추진위원회·조합 또는 정비사업전문관리업자는 총회 또는 중
요한 회의가 있은 때에는 속기록·녹음 또는 영상자료를 민들어
이를 청산시까지 보관하여야 한다.

③제1항의 규정에 의한 공개 및 공람의 적용범위·절차 등에 관
하여 필요한 사항은 건설교통부령으로 정한다.

④시장·군수 또는 주택공사 등이 아닌 사업시행자는 정비사업

을 완료하거나 폐지한 때에는 시·도조례가 정하는 바에 따라 관계서류를 시장·군수에게 인계하여야 한다.

⑤시장·군수 또는 주택공사등인 사업시행자와 제4항의 규정에 의하여 관계서류를 인계받은 시장·군수는 당해 정비사업의 관계서류를 5년간 보관하여야 한다.

제82조 (도시·주거환경정비기금의 설치 등) ①제3조제1항의 규정에 의하여 기본계획을 수립하는 특별시장·광역시장 또는 시장은 정비사업의 원활한 수행을 위하여 도시·주거환경정비기금(이하 "정비기금"이라 한다)을 설치하여야 한다.

②정비기금은 다음 각호의 1의 금액을 재원으로 조성한다. <개정 2005.3.18>

1. 도시계획세 중 대통령령이 정하는 일정률 이상의 금액

2. 제62조의 규정에 의한 부담금 및 정비사업으로 발생한 개발이익환수에 관한 법률에 의한 개발부담금 중 지방자치단체의 귀속분의 일부

3. 제66조의 규정에 의한 정비구역(주택재건축구역을 제외한다)안의 국·공유지 매각대금중 대통령령이 정하는 일정률 이상의 금액

4. 재건축임대주택의 임대보증금 및 임대료(특별시장·광역시장이 재건축임대주택을 인수한 경우와 도지사가 정비기금을 재원으로 재건축임대주택을 인수한 경우에 한한다)

5. 그 밖에 시·도조례가 정하는 재원

③정비기금은 이 법에 의한 정비사업 또는 임대주택건설·관리

외의 목적으로 사용하여서는 아니된다. <개정 2005.3.18>

④정비기금의 관리·운용과 개발부담금의 지방자치단체의 귀속
분 중 정비기금으로 적립되는 비율 등에 관하여 필요한 사항은
시·도조례로 정한다.

제82조의2 (노후·불량주거지 개선계획의 수립) 건설교통부장관은
주택 또는 기반시설이 열악한 주거지의 주거환경개선을 위하여 5
년마다 개선대상지역을 조사하고 연차별 재정지원계획 등을 포함
한 노후·불량주거지 개선계획을 수립하여야 한다.
[본조신설 2005.3.18]

제83조 (권한의 위임) 건설교통부장관은 이 법의 규정에 의한 권
한의 일부를 대통령령이 정하는 바에 의하여 시·도지사 또는 시
장·군수에게 위임할 수 있다.

제8장 벌칙

제84조 (벌칙적용에 있어서의 공무원 의제) 형법 제129조 내지
제132조의 적용에 있어서 조합의 임원과 정비사업전문관리업자의
대표자(법인인 경우에는 임원을 말한다)·직원은 이를 공무원으로
본다.

제84조의2 (벌칙) 다음 각호의 1에 해당하는 자는 3년 이하의 징
역 또는 3천만원 이하의 벌금에 처한다. <개정 2005.3.18>

1. 제11조의 규정을 위반하여 시공자를 선정한 자 및 시공자로 선정된 자

2. 거짓 또는 부정한 방법으로 제19조제2항의 규정을 위반하여 조합원 자격을 취득한 자와 조합원 자격을 취득하게 하여준 토지등소유자 및 조합의 임직원

3. 제19조제2항의 규정을 회피하여 분양주택을 이전 또는 공급받을 목적으로 건축물 또는 토지의 양도·양수사실을 은폐한 자

[본조신설 2003.12.31]

제85조 (벌칙) 다음 각호의 1에 해당하는 자는 2년 이하의 징역 또는 2천만원 이하의 벌금에 처한다. <개정 2005.12.7>

1. 제5조 제1항의 규정을 위반하여 허가 또는 변경허가를 받지 아니하거나 거짓 그 밖에 부정한 방법으로 허가 또는 변경허가를 받아 행위를 한 자

2. 제12조 제4항의 규정에 의한 안전진단결과보고서를 거짓으로 작성한 자

3. 제13조 제2항의 규정을 위반하여 추진위원회를 구성·운영한 자

4. 제16조의 규정에 의하여 조합이 설립되었는데도 불구하고 추진위원회를 계속 운영하는 자

5. 제24조의 규정에 의한 총회의 의결을 거치지 아니하고 동조 제3항 각호의 사업을 임의로 추진하는 조합의 임원

6. 제26조의 규정에 의하여 주민대표회의가 구성되어 있는데도 불구하고, 주민의 동의를 얻지 아니 하거나 통보를 하지 아니하고 임의로 주민대표회의를 구성하여 이 법에 의한 정비사업을 추

진하는 자

7. 제28조의 규정에 의한 사업시행인가를 받지 아니하고 정비사업을 시행한 자와 동 사업시행계획서에 위반하여 건축물을 건축한 자

8. 제48조의 규정에 의한 관리처분계획의 인가를 받지 아니하고 제54조의 규정에 의한 이전을 한 자

9. 제69조제1항의 규정에 의한 등록을 하지 아니하고 이 법에 의한 정비사업의 위탁을 받거나 또는 자문을 하는 자

10. 사위 그 밖의 부정한 방법으로 등록을 한 정비사업전문관리업자

11. 제73조제1항 단서의 규정에 의하여 등록이 취소되었음에도 불구하고 영업을 하는 자

12. 제77조제1항의 규정에 따른 처분의 취소·변경 또는 정지, 그 공사의 중지 및 변경에 관한 명령을 받고도 이에 응하지 아니한 사업시행자 및 정비사업전문관리업자

제86조 (벌칙) 다음 각호의 1에 해당하는 자는 1년 이하의 징역 또는 1천만원 이하의 벌금에 처한다.

1. 제15조제5항의 규정을 위반하여 추진위원회의 회계장부 및 관계서류를 조합에 인계하지 아니하는 추진위원회 임원

2. 제52조제1항의 규정에 의한 준공인가를 받지 아니하고 건축물 등을 사용한 자와 동조 제5항의 규정에 의하여 시장·군수의 사용허가를 받지 아니하고 건축물을 사용하는 자

3. 다른 사람에게 자기의 성명 또는 상호를 사용하여 이 법이

정한 업무를 수행하게 하거나 등록증을 대여한 정비사업전문관리
업자

　4. 제76조의 규정에 의한 회계감사를 받지 아니한 자

　5. 제77조제3항의 규정에 의한 점검반의 현장조사를 거부·기피
또는 방해한 자

　6. 제81조제2항의 규정을 위반하여 속기록 등을 만들지 아니하
거나 청산시까지 보관하지 아니한 추진위원회·조합 또는 정비사
업전문관리업자의 임직원

제87조 (양벌규정) 법인의 대표자, 법인 또는 개인의 대리인·사용
인 그 밖의 종업원이 그 법인 또는 개인의 업무에 관하여 제84조
의2·제85조 및 제86조의 위반행위를 한 때에는 행위자를 벌하는
외에 그 법인 또는 개인에 대하여도 각 해당 조의 벌금형을 과한
다. <개정 2003.12.31>

제88조 (과태료) ①다음 각호의 1에 해당하는 자는 500만원 이하
의 과태료에 처한다.

　1. 제49조제4항 또는 제54조제1항의 규정에 의한 통지를 태만
히 한 자

　2. 제74조제1항 및 제75조제2항의 규정에 의한 보고 또는 자료
의 제출을 태만히 한 자

　3. 제81조제4항의 규정에 의한 관계서류의 인계를 태만히 한 자

　②제1항의 규정에 의한 과태료는 대통령령이 정하는 방법 및
절차에 의하여 건설교통부장관, 시·도지사 또는 시장·군수(이하

"처분권자"라 한다)가 부과·징수한다.

③제2항의 규정에 의한 과태료의 처분에 불복이 있는 자는 그 처분의 고지를 받은 날부터 30일 이내에 그 처분권자에게 이의를 제기할 수 있다.

④제2항의 규정에 의한 과태료의 처분을 받은 자가 제3항의 규정에 의하여 이의를 제기한 때에는 그 처분권자는 지체없이 관할법원에 그 사실을 통보하여야 하며, 그 통보를 받은 관할법원은 비송사건절차법에 의한 과태료의 재판을 한다.

⑤제3항의 규정에 의한 기간 이내에 이의를 제기하지 아니하고 과태료를 납부하지 아니한 때에는 국세 또는 지방세체납처분의 예에 의하여 이를 징수한다.

부칙＜제6852호,2002.12.30＞

제1조 (시행일) 이 법은 공포 후 6월이 경과한 날부터 시행한다.

제2조 (폐지법률) 도시재개발법 및 도시저소득주민의주거환경개선을위한임시조치법은 이를 폐지한다.

제3조 (일반적 경과조치) 이 법 시행 당시 도시재개발법·도시저소득주민의주거환경개선을위한임시조치법 및 주택건설촉진법의 재건축 관련 규정(이하 "종전법률"이라 한나)에 의하여 행하여진 처분·절차 그 밖의 행위는 이 법의 규정에 의하여 행하여진 것으로 본다.

제4조 (기본계획의 수립 및 정비구역 지정에 관한 경과조치) ① 본칙 제3조의 규정에 의한 기본계획을 수립하여야 하는 지방자치

단체의 장은 이 법 시행 후 3년 이내에 기본계획을 수립하여야
한다. 다만, 기본계획수립대상의 지역적 범위가 넓어 단계적으로
수립할 필요가 있는 등 불가피한 사유가 있어 건설교통부장관의
승인을 얻은 경우에는 그러하지 아니하다.

②이 법 시행 전에 도시재개발법 제3조의 규정에 의하여 수립
된 재개발기본계획은 이 법 제3조의 규정에 의한 기본계획(주택
재개발사업 및 도시환경정비사업에 한한다)으로 본다.

③제1항의 규정에 의하여 기본계획이 수립되지 아니한 기간 중
이라도 본칙 제4조의 규정에 의한 정비구역을 지정할 수 있다.

제5조 (주거환경개선지구 등에 관한 경과조치) ①이 법 시행 당
시 「도시저소득주민의 주거환경개선을 위한 임시조치법」에 의하
여 지정·수립된 주거환경개선지구 및 주거환경개선계획은 이 법
의 규정에 의하여 지정·수립된 주거환경개선구역 및 정비계획으
로 보며, 이 법 시행 후 4년까지 종전 「도시저소득주민의 주거환
경개선을 위한 임시조치법」의 규정을 적용하여 정비사업을 시행
할 수 있다. <개정 2005.7.13>

②이 법 시행 전에 도시재개발법에 의하여 지정된 재개발구역
은 이 법의 규정에 의하여 지정된 주택재개발구역 또는 도시환경
정비구역으로 본다.

③국토의 계획 및 이용에 관한 법률에 의한 용도지구 중 대통
령령이 정하는 용도지구 및 주택건설촉진법의 종전 규정에 의하
여 재건축을 추진하고자 하는 구역으로서 국토의 계획 및 이용에
관한 법률에 의하여 지구단위계획으로 결정된 구역은 이 법에 의
한 주택재건축구역으로 보며, 주택건설촉진법 제20조의 규정에

의하여 수립된 아파트지구개발기본계획과 지구단위계획은 본칙 제4조의 규정에 의하여 수립된 정비계획으로 본다.

④이 법 시행 전에 주택건설촉진법시행령 제4조의2제2항의 규정에 의하여 노후·불량주택으로 보아 주택건설촉진법 제44조제1항의 규정에 따라 시장·군수의 인가를 받아 조합이 설립된 경우에는 재건축하고자 하는 지역을 본칙 제4조의 규정에 의하여 지정된 정비구역으로 본다.

제6조 (주거환경개선사업 등에 관한 경과조치) 종전법률에 의하여 사업계획승인이나 사업시행인가를 받아 시행중인 주거환경개선사업·주택재개발사업·재건축사업·도심재개발사업·공장재개발사업은 각각 이 법에 의한 주거환경개선사업·주택재개발사업·주택재건축사업·도시환경정비사업으로 본다.

제7조 (사업시행방식에 관한 경과조치) ①종전법률에 의하여 사업계획의 승인이나 사업시행인가를 받아 시행중인 것은 종전의 규정에 의한다.

②조합 설립의 인가를 받은 조합으로서 토지등소유자 2분의 1 이상의 동의를 얻어 시공자를 선정하여 이미 시공계약을 체결한 정비사업 또는 2002년 8월 9일 이전에 토지등소유자 2분의 1 이상의 동의를 얻어 시공자를 선정한 주택재건축사업으로서 이 법 시행일 이후 2월 이내에 건설교통부령이 정하는 빙법 및 절차에 따라 시장·군수에게 신고한 경우에는 당해 시공자를 본칙 제11조의 규정에 의하여 선정된 시공자로 본다.

제8조 (재건축사업의 안전진단에 관한 경과조치) ①이 법 시행 당시 주택건설촉진법 제44조의3제1항 내지 제3항의 규정에 의하

여 신청하거나 실시한 재건축사업의 안전진단은 본칙 제12조제1항 또는 제4항의 규정에 의하여 신청 또는 실시한 안전진단으로 본다.

②이 법 시행 당시 주택건설촉진법 제44조의3제1항 내지 제3항의 규정에 의하여 정하는 바에 따라 재건축의 허용여부가 결정된 재건축사업은 본칙 제12조제5항의 규정에 의하여 재건축의 시행 여부가 결정된 재건축사업으로 본다.

제9조 (추진위원회에 관한 경과조치) 이 법 시행 당시 재개발사업 또는 재건축사업의 시행을 목적으로 하는 조합을 설립하기 위하여 토지등소유자가 운영중인 기존의 추진위원회는 본칙 제13조제2항의 규정에 의한 동의의 구성요건을 갖추어 이 법 시행일부터 6월 이내에 시장·군수의 승인을 얻은 경우 이 법에 의한 추진위원회로 본다.

제10조 (조합의 설립에 관한 경과조치) ①종전법률에 의하여 조합 설립의 인가를 받은 조합은 본칙 제18조제2항의 규정에 의하여 주된 사무소의 소재지에 등기함으로써 이 법에 의한 법인으로 설립된 것으로 본다. 다만, 종전법률에 의하여 설립된 법인이 아닌 조합(종전법률에 의하여 준공인가를 받은 조합을 제외한다)은 이 법 시행일부터 1월 이내에 등기하여야 한다.

②제1항의 규정에 의하여 법인으로 보는 조합의 규약은 본칙 제20조의 규정에 의한 정관으로 본다.

제11조 (대의원회의 구성에 관한 조치) 종전 도시재개발법에 의하여 구성된 대의원회는 본칙 제25조의 규정에 의한 대의원회로 본다.

제12조 (사업시행계획에 관한 경과조치) 종전법률에 의한 사업시
행계획인가·사업계획승인은 본칙 제28조의 규정에 의하여 인가된
사업시행계획으로 본다.

제13조 (정비사업전문관리업자에 관한 경과조치) 이 법 시행 당시
관계법률에 의하여 재개발사업 또는 재건축사업의 시행을 목적으
로 하는 토지등소유자, 조합 또는 제9조의 규정에 의한 기존의 추
진위원회와 민사계약을 하여 정비사업을 위탁받거나 자문을 하는
자는 이 법 시행일부터 9월 이내에 본칙 제69조제1항의 규정에 의
한 등록기준을 갖추어 건설교통부장관에게 등록하여야 한다.

제14조 (주택재개발사업추진방식의 전환에 관한 경과조치) 본칙
제80조의 규정은 이 법 시행 이후 지정된 정비구역에 한하여 적
용한다. 다만, 토지등소유자의 3분의 2 이상의 요구와 관할 시장·
군수가 공공의 이익을 위하여 필요하다고 지방도시계획위원회의
심의를 거쳐 인정하는 경우에는 이 법 시행 이전에 시행중인 정
비사업에도 적용할 수 있다.

제15조 (관련 자료의 공개와 보존에 관한 경과조치) 본칙 제81조
제1항의 규정은 이 법 시행일부터 모든 정비사업에 대하여 적용
하며 동조제2항, 제4항 및 제5항의 규정은 이 법 시행일 이후 발
생되는 것부터 적용한다.

제16조 (벌칙 등에 관한 경과조지) 이 법 시행 전의 행위에 대한
벌칙과 과태료의 적용에 있어서는 종전법률의 규정에 의한다.

제17조 (다른 법률과의 관계) 이 법 시행 당시 다른 법률에서 종
전법률의 규정을 인용하고 있는 경우 이 법에 그에 해당하는 규
정이 있는 때에는 이 법 또는 이 법의 해당 규정을 인용한 것으

로 본다.

제18조 (다른 법률의 개정) ①주택건설촉진법 중 다음과 같이 개정한다.

제3조제9호를 다음과 같이 한다.

9. "주택조합"이라 함은 동일 또는 인접한 시(특별시 및 광역시를 포함한다)·군에 거주하는 주민이 주택을 마련하기 위하여 설립한 조합(이하 "지역조합"이라 한다) 및 동일한 직장의 근로자가 주택을 마련하기 위하여 설립한 조합(이하 "직장조합"이라 한다)을 말한다.

제22조제1항 전단 중 "도시재개발법"을 "도시 및 주거환경정비법"으로 하고, 동항 후단을 다음과 같이 하며, 동조 제2항 각호외의 부분 중 "도시재개발법 제31조제2항"을 "도시 및 주거환경정비법 제38조"로 한다.

이 경우 아파트지구개발사업은 정비사업으로 보며, 제20조제2항의 규정에 의한 지구개발계획의 고시가 있은 때에는 도시 및 주거환경정비법 제4조의 규정에 의한 정비구역의 지정고시가 있은 것으로 본다.

제34조 제1항 중 "동일규모의 주택을 건설하거나 제44조의3제4항의 규정에 의하여 노후·불량주택을 재건축하기 위하여 필요한 경우에는"을 "동일규모의 주택을 건설하는 경우에는"으로 한다.

제44조제3항 전단 중 "등록업자(재건축의 경우에는 지방자치단체·대한주택공사·지방공사를 포함한다. 이하 이 항에서 같다)"를 "등록업자"로 한다.

제44조의3 및 제44조의4를 각각 삭제한다.

②국토의 계획 및 이용에 관한 법률 중 다음과 같이 개정한다.

제2조 제4호 라목 중 "재개발사업"을 "정비사업"으로 하고, 동조제11호 중 "도시재개발법에 의한 재개발사업"을 "도시 및 주거환경정비법에 의한 정비사업"으로 한다.

제51조제1항 제4호를 다음과 같이 하고, 동항 제6호를 삭제한다.

4. 도시 및 주거환경정비법 제4조의 규정에 의하여 지정된 정비구역

③건축법 중 다음과 같이 개정한다.

제53조 제3항 제7호를 다음과 같이 하고, 동항 제8호를 삭제한다.

7. 도시 및 주거환경정비법 제4조의 규정에 의한 정비구역

④대한주택공사법 중 다음과 같이 개정한다.

제9조 제1항 제4호를 다음과 같이 한다.

4. 도시 및 주거환경정비법에 의한 정비사업

제9조제2항 제2호를 다음과 같이 한다.

2. 도시 및 주거환경정비법 제52조의 규정에 의한 준공인가

⑤수도권정비계획법 중 다음과 같이 개정한다.

제13조제2호를 다음과 같이 한다.

2. 도시 및 주거환경정비법에 의한 도시환경정비사업에 따른 건축물

⑥지방세법 중 다음과 같이 개성한나.

제109조제3항 각호외의 부분 본문 중 "도시재개발법에 의한 재개발사업"을 "도시 및 주거환경정비법에 의한 정비사업(주택재개발사업 및 도시환경정비사업에 한한다)"으로 하고, 동항 제1호 중 "도시재개발법등 관계법령에 의하여"를 "도시 및 주거환경정비법

등 관계법령에 의하여"로 한다.

제234조의 9 제2항 제6호 중 "도시재개발법에 의한 재개발사업"을 "도시 및 주거환경정비법에 의한 정비사업(주택재개발사업 및 도시환경정비사업에 한한다)"으로 한다.

⑦조세특례제한법 중 다음과 같이 개정한다.

제77조제1항 제2호 중 "도시재개발법에 의한 재개발구역(공공시설을 수반하지 아니하는 재개발구역을 제외한다)"을 "도시 및 주거환경정비법에 의한 정비구역(정비기반시설을 수반하지 아니하는 정비구역을 제외한다)"으로 하고, 동조 제2항 제2호중 "도시재개발법에 의한 재개발사업시행인가"를 "도시 및 주거환경정비법에 의한 사업시행인가"로 하며, 동조 제4항 중 "재개발사업의 시행자"를 "정비사업의 시행자"로 한다.

제99조 제1항 제1호 및 제2호 중 "도시재개발법에 의한 재개발조합"을 각각 "도시 및 주거환경정비법에 의한 정비사업조합"으로 한다.

제99조의3 제1항 제1호 및 제2호 중 "도시재개발법에 의한 재개발조합"을 각각 "도시 및 주거환경정비법에 의한 정비사업조합"으로 한다.

⑧제주국제자유도시특별법 중 다음과 같이 개정한다.

제60조 제1항 제23호를 다음과 같이한다.

23. 도시 및 주거환경정비법 제28조의 규정에 의한 사업시행인가

⑨사회간접자본시설에 대한 민간투자법 중 다음과 같이 개정한다.

제21조제1항 제4호를 다음과 같이 한다.

4. 도시 및 주거환경정비법에 의한 도시환경정비사업

제21조 제3항 제4호를 다음과 같이 한다.

4. 도시 및 주거환경정비법 제9조제1항의 규정에 의한 지정개발자 지정 및 제28조의 규정에 의한 사업시행인가

⑩대도시권광역교통관리에관한특별법 중 다음과 같이 개정한다.

제11조제5호를 다음과 같이 한다.

5. 도시 및 주거환경정비법에 의한 주택재개발사업과 주택재건축사업

제11조의 2 제1항 제1호를 다음과 같이 한다.

1. 도시 및 주거환경정비법에 의한 주거환경개선사업

제11조의2제2항제2호 및 제3호를 각각 다음과 같이 한다.

2. 도시 및 주거환경정비법에 의한 주택재개발사업

3. 도시 및 주거환경정비법에 의한 주택재건축사업

⑪중소기업의구조개선과재래시장활성화를위한특별조치법중 다음과 같이 개정한다.

제16조 제5항 중 "시장재개발사업에 관하여는 도시재개발법을, 시장재건축사업에 관하여는 주택건설촉진법 및 집합건물 의 소유 및 관리에 관한 법률을 각각 준용한다."를 "도시 및 주거환경정비법 및 집합건물의 소유 및 관리에 관한 법률을 각각 준용한다."로 한다.

제20조제4항중 "도시재개발법 제9조제5항 및 제6항·제23조·제25조 및 제32조"를 "도시 및 주거환경성비법 제9조제2항 및 제3항·제28조제1항 및 제3항·제30조·제31조·제40조"로 한다.

⑫법인세법중 다음과 같이 개정한다.

제55조의2제2항제3호중 "도시재개발법"을 "도시및주거환경정비법"으로 한다.

⑬소득세법중 다음과 같이 개정한다.

제52조제4항제3호중 "도시재개발법"을 "도시및주거환경정비법"으로 한다.

⑭한국토지공사법 중 다음과 같이 개정한다.

제22조제2호중 "도시재개발법 제48조제1항 내지 제3항"을 "도시및주거환경정비법 제52조제2항"으로 한다.

부칙(소방기본법) <제6893호,2003.5.29>

제1조 (시행일) 이 법은 공포 후 1년이 경과한 날부터 시행한다.

제2조 내지 제4조 생략

제5조 (다른 법률의 개정) ①내지 ⑦생략

⑧도시 및 주거환경정비법 중 다음과 같이 개정한다.

제32조제2항제5호중 "소방법 제8조제1항"을 "소방시설설치유지 및 안전관리에 관한 법률 제7조제1항"으로, "동법 제16조제1항"을 "위험물안전관리법 제6조제1항"으로 한다.

⑨내지 <23>생략

제6조 생략

부칙(주택법) <제6916호,2003.5.29>

제1조 (시행일) 이 법은 공포 후 6월이 경과한 날부터 시행한다.
<단서 생략>

제2조 내지 제11조 생략

제12조 (다른 법률의 개정) ①내지 <16>생략

<17>도시 및 주거환경정비법 중 다음과 같이 개정한다.

제11조 제1항 중 "주택건설촉진법 제6조의3제1항"을 "주택법 제12조제1항"으로 한다.

제16조 제4항 중 "주택건설촉진법 제32조"를 "주택법 제38조"로 하고, "동법 제3조제5호"를 "동법 제2조제5호"로 한다.

제26조제1항 각호외의 부분 중 "주택건설촉진법 제33조"를 "주택법 제16조"로 한다.

제32조 제1항 제1호중 "주택건설촉진법 제6조의 규정에 의한 주택건설사업자등록"을 "주택법 제9조의 규정에 의한 주택건설사업 등의 등록"으로, "동법 제33조"를 "동법 제16조"로 한다.

제33조제1항 각호외의 부분 중 "주택건설촉진법"을 "주택법"으로 하고, 동항 제1호 중 "주택건설촉진법 제3조제8호"를 "주택법 제2조제8호"로 하며, 동항 제2호 중 "주택건설촉진법 제31조제1항"을 "주택법 제21조 제1항 제2호 및 제3호"로 한다.

제35조 제2항 중 "주택건설촉진법 제32조"를 "주택법 제38조"로 한다.

제41조제1항 중 "주택건설촉진법 제33조제1항"을 "주택법 제16조제1항"으로 한다.

제42조제1항 중 "주택건설촉진법 제16조"를 "주택법 제68조"로 한다.

제50조제2항 및 제4항 중 "주택건설촉신법 세32조"를 각각 "주택법 제38조"로 한다.

<18>내지 <47>생략

제13조 생략

부칙 <제7056호,2003.12.31>

①(시행일) 이 법은 공포한 날부터 시행한다.

②(투기과열지구 안에서의 주택재건축사업의 조합원 자격취득에 관한 특례) 이 법 시행 전에 주택재건축정비사업조합의 설립인가를 받은 정비사업의 토지등소유자(2003년 12월 31일 전에 건축물 또는 토지를 취득한 자에 한한다)로부터 건축물 또는 토지를 양수한 자는 제19조제2항의 개정규정에 불구하고 조합원 자격을 취득할 수 있다. <개정 2005.3.18>

부칙(부동산가격공시및감정평가에관한법률) <제7335호,2005.1.14>

제1조 (시행일) 이 법은 공포한 날부터 시행한다.

제2조 내지 제10조 생략

제11조 (다른 법률의 개정) ①내지 ⑮생략

　<16>도시 및 주거환경정비법 중 다음과 같이 개정한다.

　제48조 제5항 제1호·제2호 및 동조 제6항 중 "지가공시 및 토지 등의 평가에 관한 법률"을 각각 "부동산가격공시 및 감정평가에 관한 법률"로 한다.

　<17>내지 <24>생략

제12조 생략

부칙 <제7392호,2005.3.18>

제1조 (시행일) 이 법은 공포한 날부터 시행한다. 다만, 제4조제1항 제7호의2·제2항·제7항, 제4조의2, 제13조제4항, 제30조의2, 제50조제3항 및 제82조 제2항 제4호의 개정규정은 공포 후 2월이

경과한 날부터 시행한다.

제2조 (재건축임대주택 공급에 관한 적용례) 제30조의2의 개정규정은 이 법 시행 후 최초로 조합원 외의 자에게 주택을 공급하기 위하여 「주택법」 제38조의 규정에 의하여 입주자 모집승인을 신청하는 분부터 적용한다. 다만, 동법 제38조의 규정에 의한 입주자 모집승인 대상이 아닌 경우에는 주택공급계약의 체결을 개시하는 분부터 적용한다.

제3조 (정비구역 지정 등을 받은 주택재건축사업에 관한 특례) ①시·도지사는 이 법 시행 당시 주택재건축정비구역이 지정되어 있거나 추진위원회의 설립승인을 받은 주택재건축사업으로서 제30조의2제1항의 개정규정에 의한 재건축임대주택 공급대상이 되는 주택재건축사업에 대하여는 이 법 시행 후 9월 이내에 재건축임대주택의 규모 등 재건축임대주택에 관한 사항을 대통령령이 정하는 바에 따라 고시하고 이를 사업시행자 및 시장·군수에게 통지하여야 한다.

②사업시행자는 제1항의 규정에 의한 고시 또는 통지 전에 사업시행인가(대통령령이 정하는 중요한 사항의 변경인가를 포함한다. 이하 이 조에서 같다)를 신청하고자 하는 경우에는 미리 시장·군수와 재건축임대주택에 관한 사항을 협의하여야 한다. 이 경우 시장·군수는 사업시행자가 협의를 요청한 날부터 30일 이내에 이를 결정하여 통보하여야 한다.

③시장·군수는 사업시행자가 이 법 시행 전에 사업시행인가를 신청한 경우에는 이 법 시행일부터 30일 이내에 재건축임대주택에 관한 사항을 시·도지사와 협의하여 사업시행자에게 통보하여

야 한다.

제4조 (사업시행인가를 받은 주택재건축사업에 관한 특례) ①이 법 시행 당시 사업시행인가(부칙 제3조제2항의 규정에 의한 대통령령이 정하는 중요한 사항의 변경인가를 제외한다)를 받은 주택재건축사업은 제30조의2제1항의 개정규정에 의한 재건축임대주택의 공급비율에 불구하고 재건축으로 증가되는 용적률 중 100분의 10이하의 범위 안에서 대통령령이 정하는 비율에 해당하는 주택의 수를 재건축임대주택으로 공급한다.

②제1항의 규정에 의하여 재건축임대주택을 공급하는 경우에는 제30조의2제3항 및 제4항의 개정규정을 적용하지 아니한다.

③이 법 시행당시 제48조의 규정에 의하여 관리처분계획이 인가된 재건축사업의 경우 조합원 외의 자에게 공급계획인 주택의 수가 제1항의 규정에 의한 재건축임대주택의 공급비율에의한 주택의 수보다 적은 경우에는 제1항의 규정에 불구하고 재건축임대주택으로 공급하는 주택의 수는 조합원 외의 자에게 공급하는 주택의 수에 의한다.

제5조 (지구단위계획에 관한 경과조치) 제4조제5항의 개정규정은 이 법 시행 전에 결정·고시된 지구단위계획에 대하여도 이를 적용한다.

제6조 (사업시행계획의 동의에 관한 경과조치) 사업시행계획에 대한 토지등소유자의 동의에 관하여는 제28조제4항의 개정규정에 불구하고 당해 정관 등이 개정되기 전까지는 종전의 규정에 의한다.

제7조 (주택공급기준의 적용에 관한 경과조치) 이 법 시행당시 조합설립인가를 받은 정비사업의 토지등소유자에 대한 주택공급기

준은 제48조 제2항 제6호·제7호 및 제50조제5항의 개정규정에 불구하고 종전의 규정에 의한다. 다만, 제48조 제2항 제6호 나목 및 다목에 해당하는 토지등소유자의 경우에는 그러하지 아니하다.

부칙(채무자 회생 및 파산에 관한 법률) <제7428호,2005.3.31>
제1조 (시행일) 이 법은 공포 후 1년이 경과한 날부터 시행한다.
제2조 내지 제4조 생략
제5조 (다른 법률의 개정) ①내지 <34>생략

  <35>도시 및 주거환경정비법 일부를 다음과 같이 개정한다.

  제23조 제1항 제2호 중 "파산자"를 "파산선고를 받은 자"로 한다.

  제72조 제1항 제2호 중 "파산자"를 "파산선고를 받은 자"로 한다.

  <36>내지 <145>생략

제6조 생략

부칙(수질환경보전법) <제7459호,2005.3.31>
제1조 (시행일) 이 법은 공포 후 1년이 경과한 날부터 시행한다.
제2조 내지 제4조 생략
제5조 (다른 법률의 개정) ①내지 ⑪생략

  ⑫도시 및 주거환경정비법 일부를 다음과 같이 개정한다.

  제32조제2항 제6호 중 "수질환경보선법 제10조"를 "「수질환경보전법」 제33조"로 한다.

  ⑬내지 <36>생략

제6조 생략

부칙 <제7597호,2005.7.13>.

이 법은 공포한 날부터 시행한다.

부칙(산림자원의 조성 및 관리에 관한 법률) <제7678호,2005.8.4>

제1조 (시행일) 이 법은 공포 후 1년이 경과한 날부터 시행한다.

제2조 내지 제10조 생략

제11조 (다른 법률의 개정) ①내지 <23>생략

　<24>도시 및 주거환경정비법 일부를 다음과 같이 개정한다.

　제32조 제1항 제6호 본문 중 "산림법 제62조제1항·제90조"를 "「산림자원의 조성 및 관리에 관한 법률」 제36조제1항·제4항 및 제45조제1항·제2항"으로 하고, 동호 단서 중 "산림법"을 "「산림자원의 조성 및 관리에 관한 법률」"로 한다.

　<25>내지 <87>생략

제12조 생략

부칙(토지이용규제 기본법) <제7715호,2005.12.7>

제1조 (시행일) 이 법은 공포 후 6월이 경과한 날부터 시행한다. <단서 생략>

제2조 내지 제5조 생략

제6조 (다른 법률의 개정) ①내지 ③생략

　④도시 및 주거환경정비법 일부를 다음과 같이 개정한다.

　제5조를 다음과 같이 한다.

　제5조 (행위제한 등) ①정비구역 안에서 건축물의 건축, 공작물의 설치, 토지의 형질변경, 토석의 채취, 토지분할, 물건을 쌓아놓

는 행위 등 대통령령이 정하는 행위를 하고자 하는 자는 시장·군수의 허가를 받아야 한다. 허가받은 사항을 변경하고자 하는 때에도 또한 같다.

②다음 각 호의 어느 하나에 해당하는 행위는 제1항의 규정에 불구하고 허가를 받지 아니하고 이를 할 수 있다.

1. 재해복구 또는 재난수습에 필요한 응급조치를 위하여 하는 행위

2. 그 밖에 대통령령이 정하는 행위

③제1항의 규정에 따라 허가를 받아야 하는 행위로서 정비구역의 지정 및 고시 당시 이미 관계 법령에 따라 행위허가를 받았거나 허가를 받을 필요가 없는 행위에 관하여 그 공사 또는 사업에 착수한 자는 대통령령이 정하는 바에 따라 시장·군수에게 신고한 후 이를 계속 시행할 수 있다.

④시장·군수는 제1항의 규정을 위반한 자에 대하여 원상회복을 명할 수 있다. 이 경우 명령을 받은 자가 그 의무를 이행하지 아니하는 때에는 시장·군수는 「행정대집행법」에 따라 이를 대집행할 수 있다.

⑤제1항의 규정에 따른 허가에 관하여 이 법에 규정한 것을 제외하고는 「국토의 계획 및 이용에 관한 법률」 제57조 내지 제60조 및 제62조의 규정을 준용한다.

⑥제1항의 규정에 따라 허가를 받은 경우에는 「국토의 계획 및 이용에 관한 법률」 제56조의 규정에 따라 허가를 받은 것으로 본다.

제85조제1호를 다음과 같이 한다.

　1. 제5조제1항의 규정을 위반하여 허가 또는 변경허가를 받지 아니하거나 거짓 그 밖에 부정한 방법으로 허가 또는 변경허가를 받아 행위를 한 자

　⑤내지 ⑫생략

제7조 생략

· 저자 ·

장정민 　· 약　력 ·
(張正旻)　단국대학교 법정대학 졸업(행정학사)
　　　　　단국대학교 대학원 행정학 석사
　　　　　단국대학교 대학원 행정학 박사

　　　　　(사)비전 2100연구소 소장
　　　　　한국부동산학회 이사
　　　　　한몽경상학회 상임이사
　　　　　평택시 도시계획 및 발전기획위원
　　　　　University of Washington 방문교수
　　　　　평택대학교 도시 및 부동산개발학과 교수

　　　　　· 주요논저 ·
　　　　　「도시불량주거지역의 특성에 관한 연구」
　　　　　「송탄관광특구지역의 발전방안과 앞으로의 과제」
　　　　　「정보화시범마을 조성효과에 관한 연구」
　　　　　「주한미군기지 이전에 따른 평택시 주민의식조사 및 중장기 발전구상」
　　　　　『세계의 도시시스템』(공역)
　　　　　『세계화와 국민경제』(공저)
　　　　　『도시관리론』(공저)
　　　　　외 다수

불량주거지역의 이해
- 한계성이론을 중심으로 -

· 초판 인쇄	2006년 4월 30일
· 초판 발행	2006년 4월 30일
· 지 은 이	장정민
· 펴 낸 이	채종준
· 펴 낸 곳	한국학술정보㈜
	경기도 파주시 교하읍 문발리 526-2
	파주출판문화정보산업단지
	전화　031) 908-3181(대표) · 팩스　031) 908-3189
	홈페이지　http://www.kstudy.com
	e-mail(e-Book사업부)　ebook@kstudy.com
· 등　　록	제일산-115호(2000. 6. 19)
· 가　　격	18,000원

ISBN　89-534-4978-2 93980 (Paper Book)
　　　　89-534-4979-0 98980 (e-Book)